本书承湖北文理学院协同育人专项经费资助

食品安全学

黄升谋 余海忠 编著

U0362884

华中科技大学出版社
http://www.hustp.com
中国·武汉

内 容 提 要

　　本书结合食品安全学发展动态,系统地介绍了食品中有毒物质及其中毒机理,食品生物性污染和化学性污染及其控制方法,农药、兽药对食品安全的影响,食品添加剂及食品包装材料对食品安全的影响,食品加工及特殊食品的安全问题等内容。

　　本书可作为高等院校食品科学与工程、食品质量与安全等相关专业的教学用书,也可为食品领域从事生产、科研和管理工作的人员提供参考。

图书在版编目(CIP)数据

食品安全学/黄升谋,余海忠编著. —武汉:华中科技大学出版社,2021.6 (2021.12重印)
ISBN 978-7-5680-4122-5

Ⅰ. ①食…　Ⅱ. ①黄…　②余…　Ⅲ. ①食品安全-高等学校-教材　Ⅳ. ①TS201.6

中国版本图书馆 CIP 数据核字(2021)第 107478 号

食品安全学　　　　　　　　　　　　　　　　　　　黄升谋　余海忠　编著
Shipin Anquanxue

策划编辑:汪飒婷
责任编辑:孙基寿
封面设计:刘　婷
责任校对:阮　敏
责任监印:徐　露
出版发行:华中科技大学出版社(中国·武汉)　　　电话:(027)81321913
　　　　　武汉市东湖新技术开发区华工科技园　　　邮编:430223
录　　排:华中科技大学惠友文印中心
印　　刷:广东虎彩云印刷有限公司
开　　本:787mm×1092mm　1/16
印　　张:10.75
字　　数:222千字
版　　次:2021年12月第1版第2次印刷
定　　价:49.80元

About the authors 作者简介

黄升谋，湖北文理学院教授，博士，研究生导师，襄阳市学科带头人，长期从事食品营养学、人体营养与保健学、免疫学、细胞分子生物学的教学和科研工作，于许多企、事业单位进行了食品营养学及人体营养与保健的学术讲座。出版学术专著2部，发表SCI源刊、国家一级期刊等学术刊物论文52篇，获省级科技进步一等奖1项。承担国家自然科学基金2项，国家"十五"重点攻关项目1项，国家科技支撑计划项目1项，省级科学基金3项、市厅级科研项目4项，校科研团队项目2项。

余海忠，男，博士，教授，1976年9月出生，湖北枣阳人，湖北省生物物理学会常务理事，湖北省营养学会理事，食品科学与工程湖北省一流本科专业建设点负责人。主要从事植物天然活性产物提取、功能植物内生菌资源发掘以及植物性功能食品开发等工作，先后主持省部级教学教改项目7项，主持获得第八届湖北省教学成果二等奖1项，湖北文理学院教学成果一等奖、三等奖各1项，发表教研论文20余篇，主编、参编教材4部，主持建设一流本科课程4门。

黄升谋，余海忠为并列第一作者。

当前，食品安全问题严重，食品安全事故频发，一些食品经营者法律意识淡薄，他们不能严格执行相关的食品安全标准，生产、销售伪劣或过期食品。苏丹红、三聚氰胺、一滴香、毒大米、地沟油、瘦肉精等食品安全案件，一次又一次地拨弄着人们的神经。一些消费者缺乏基本的食品安全学知识，误食有毒有害食品的案例经常发生。食品安全问题已经成为公众关注的社会问题。本书的写作目的是丰富大众食品安全学的基本知识，增强大众食品安全法律意识。

本书结合食品安全学发展动态，系统地介绍了食品中有毒物质及其中毒机理，食品生物性污染和化学性污染及其控制方法，农药、兽药对食品安全的影响，食品添加剂及食品包装材料对食品安全的影响，食品加工及特殊食品的安全问题。本书有助于读者从食品安全风险来源、食品安全机理及控制逐步深入，全面了解食品安全学的知识体系，可作为高等院校食品科学与工程、食品质量与安全等相关专业的教学用书，也可为食品领域从事生产、科研和管理工作的人员提供参考。

Contents 目 录

1

绪　　论

　　食品安全是指食品无毒、无害,符合其应有的营养要求,对人体健康不造成任何急性、亚急性或者慢性危害。食品安全学是综合应用食品化学、食品分析检验、微生物学、毒理学和流行病学等学科的方法,研究食品中存在的有毒有害物质的危害及其作用机理,采取相应的措施对有害因素进行控制,从而提高食品质量,保证消费者健康的学科。食品安全学的研究内容包括食品天然有毒物质,食品中有毒物质及中毒机理;食品生物性污染和化学性污染及其控制;农药、兽药残留对食品安全性的影响;食品添加剂及食品包装材料对食品安全的影响;食品加工及特殊食品的安全等与食品安全有关的问题。

一、我国食品安全的现状

　　食品安全是关系人民群众切身利益的重要民生问题,也是国家安定、社会发展的基本要求。然而,目前一些食品企业法律意识淡薄,为了追求经济效益,无证、无照非法生产经营食品,重生产轻卫生、弄虚作假,超范围、超期使用、假冒安全食品标识,市场上伪劣食品众多。一些生产者为了防治病虫害和高产,过量使用农药、兽药、激素和化肥,造成这些有毒有害物质在粮食、蔬菜、水果、肉制品、乳制品等食品中大量残留,农产品中硝酸盐积累。一些食品生产加工企业为了追求食品的颜色、气味、口感等,使用非法食品添加剂或超量使用食品添加剂,没有严格按照食品安全标准进行操作,微生物杀灭不完全,销售过期食品,导致食物中毒。

　　随着工农业生产水平的提高,我国环境污染越来越严重,这些被污染水体、土壤、大气中的有机污染物和重金属严重超标,在农、畜、水产品中大量富集。

　　食品包装、运输、储藏过程是影响食品安全的重要因素。一些不合格的食品包装材料中可能含有铅、汞、锡等有毒有害物质,损害消费者的身体健康。

　　我国目前与食品安全相关的行政法规多达二十几部,主要是法律、规章和标准,但无法满足当前食品发展的要求。我国食品安全管理体系主要存在以下弊端:我国食品监管存在多头管理和管理空白,管理部门相互推诿,缺乏科学的协调机制,例如有机食品认证归环保部门,绿色食品、无公害食品归农业部门,由于没有统一的评价标准,执法

1

者执法困难,导致苏丹红、吊白块、毒米、毒油、孔雀石绿、瘦肉精、大头娃娃、三聚氰胺、毒薯条和牛肉膏等食品安全事件频发。

二、食品安全学的研究进展

食品安全学是一门新兴的学科,在我国发展迅速,已经成为食品领域发展最快的分支学科,在食品科学领域占据越来越重要的地位,取得了一系列重大突破。

1. 食品安全快速检测技术

2012年,由天津科技大学牵头的"食品安全危害因子可视化快速检测技术"研究获得国家科技进步二等奖。该研究针对食品安全问题中最为突出的食源性致病菌和农药残留、兽药残留、生物毒素等危害因子,重点对食品安全小分子化学危害物免疫分析理论进行研究,通过对小分子化合物抗体的研究分析,发现抗体功能结构域氨基酸残基与半抗原分子间的静电耦合度是影响抗体特异性的关键因素,提出了半抗原对抗体特异性的决定机理,奠定了小分子化学危害因子高特异性抗体制备的理论基础。该研究开发了具有自主知识产权的化学危害物可视化快速检测核心技术4项:高质量半抗原定向合成和小分子抗体规模化制备技术;多抗体共包被多残留检测技术;试纸条定区域循迹扫描涂布技术;化学危害物稳定色差梯度显色技术。该研究提出了60余种化学危害因子可视化快速检测方法,检测效率平均提高了200%,检测成本仅为常规仪器方法的20%,其中多抗体共包被免疫多残留等10余种检测试剂盒属原始创新产品。该研究突破了食源性致病菌可视化快速检测瓶颈技术3项:可视芯片表面修饰改性技术;种属靶标特异性基因扩增技术;核酸标准样品分子荧光定量定值技术。该研究首次开发了食源性致病菌可视化基因检测芯片、环介导等温扩增(LAMP)检测技术,包括试剂盒16种及核酸国家标准物质20种,实现了食源性致病菌精准、多残留、高通量检测,并使检测时间从数天缩短到数小时。该研究使监管从事后处理变为现场反应,为提高食品安全检测水平奠定了坚实的技术基础。

2. 食品快速鉴伪

目前,不法分子在食品中的掺假方式越来越多,主要包括掺兑、混入、抽取、假冒、粉饰等手段。掺假范围越来越广,涉及粮油、肉类、乳制品、果蔬、糖及糖制品、饮料等各领域。掺假内容越来越复杂,如新米中掺入陈米,高价米中混入廉价米,面粉中混入滑石粉,食用油中掺地沟油及非食用油(如桐油、蓖麻油等)等。特别是高附加值食品掺假造假尤其严重。因此,食品真伪鉴别十分重要,迫切需要高技术的支撑。2012年,我国围绕真伪鉴别开展研究:提出了高分辨质谱 Marker 标记物筛选方法,建立了年份白酒基酒识别方法,为制定中国年份白酒技术规范提供了技术支撑;构建了复原果汁识别技术和起泡葡萄酒真实性识别的同位素分析技术,为下一步制定相关食品真实性技术标准提供了技术支撑。

3. 食品加工过程安全与控制

近年来,我国对加工过程中产生的危害因子如热加工过程中的苯并芘、杂环胺、丙烯酰胺,发酵过程中的亚硝酸盐、生物胺,以及其他途径可能产生的有毒有害物质如反式脂肪酸、氯丙醇形成机理、检测方法、风险评估以及有效的抑制措施等展开了大量研究,并获得了可喜的研究成果。

研究表明,食品加工过程中,熏烤、烘烤是形成苯并芘的主要途径。熏烤制品有熏鱼片、熏红肠、熏鸡及火腿等动物性食品。烘烤制品有月饼、面包、糕点、烤肉、烤鸡、烤鸭及烤羊肉串等食品。食品中的脂肪、胆固醇等在烹调加工时经高温热解或热聚,形成苯并芘。动物食品在烤制过程中所滴下的油滴中苯并芘含量是动物食品本身的 10~70 倍。当食品在烟熏和烘烤过程发生烤焦或炭化时,苯并芘生成量显著增加,当烟熏温度到达400~1000 ℃时,苯并芘的生成量随着温度的上升而急剧增加,熏烤、烘烤产生的苯并芘通过烟尘直接污染食品。我国苯并芘检测方法不断完善,达到国际先进水平,加工控制研究不断深化,通过控制加工温度可以明显降低苯并芘的残留量,为降低食品中苯并芘残留提供关键技术。我国病理学研究从细胞水平深入分子水平,为选择适当添加剂对抗苯并芘的毒性提供了依据。

在抑制杂环胺形成的措施上,我国也取得一定进展,肉制品中杂环胺的含量被细化到不同种类原料肉、不同加工方式、不同加工时间等各个方面。

亚硝胺是重要食品污染物之一,迄今为止,已发现的亚硝胺有 300 多种,其中 90% 左右可以诱发动物不同器官产生肿瘤。亚硝胺类主要存在于烟熏或盐腌的鱼、肉和霉变的食品中。长期摄入亚硝胺可能是食管癌、肝癌和鼻咽癌等癌症高发的重要因素。研究表明,摄入含有亚硝胺较多的食物,上消化道癌症发生的危险性增加 79%,常吃熏鱼的人更容易发生癌症。

随着对丙烯酰胺的抑制研究不断深入,我国通过原料改良与加工工艺优化和使用添加剂均有利于减少丙烯酰胺的形成,尤其是首创了竹叶抗氧化物抑制热加工食品中丙烯酰胺的形成,使我国在食品丙烯酰胺抑制领域走在了国际前列。

反式脂肪酸与心脑血管疾病和癌症有关,研究表明,反式脂肪酸的来源有三种途径。一是植物油进行氢化处理,一部分不饱和脂肪酸从天然的顺式结构异化为反式结构。二是牛、羊等反刍动物的肉和奶。反刍动物体脂中反式脂肪酸的含量占总脂肪酸的4%~11%,牛奶、羊奶中的含量占总脂肪酸的 3%~5%。三是油温过高产生反式脂肪酸。精炼油及烹调油温过高时,部分顺式脂肪酸会转变为反式脂肪酸,所以烹调时应尽量避免油温过高。

非热加工能减少食品加工过程中有害物质的产生,中国农业大学在食品的非热加工方面做了大量研究,探索适合采用脉冲电场和高压等新技术的加工原料,并确定其加工工艺条件,以获得高质量的食品。

4. 食品安全风险评估

食品安全风险评估为科学评估食品中污染物危害水平,制定切实可行的食品安全的管理措施,降低食源性疾病发生有着极其重要的作用,是制定食品标准的科学依据。通过近十年的发展,我国在食品安全风险评估方面已取得一定的成绩,逐步建立了风险分析制度,但由于起步较晚,仍与发达国家存在一定的差距。目前,我国对食品的风险分析主要集中在食源性致病微生物、重金属、药物残留、反式脂肪酸等方面,并取得初步成果,如对酱油中三氯丙醇,苹果汁中甲胺磷,禽肉水产品中氯霉素,冷冻加工水产品中金黄色葡萄球菌及其肠毒素,油炸马铃薯中丙烯酰胺,牡蛎中感染的副溶血弧菌,入境冻大马哈鱼携带溶藻弧菌等的研究。

5. 食品安全溯源、预警与食品召回

在食品追溯体系建设和研究方面,欧盟一直走在世界的前列,北美和欧洲国家较早在食品身份代码、信息范围的确定、信息采集和管理、数据处理等食品可追溯技术领域展开研究,并将取得的成果应用于实践。

由于开发目标和原则不同,我国食品质量溯源系统多是以单个企业为基础开发的内部系统,如全球追溯标准(GTS)仅仅是应用于食品青刀豆罐头。信息内容不规范、信息流程不一致、系统软件不兼容,造成溯源信息不能资源共享和交换,信息在传递和流通过程中被篡改等。

近年来,我国加强了对食品安全预警监控体系的建设力度,初步建成了食品污染物监测和食源性疾病监测网络,以及进出口食品安全预警监控体系,着手开展食品污染物源头控制的溯源技术研究,但目前我国食品污染和食源性疾病的监测数据资料还很有限,只有静态的数据而缺少动态数据,终端产品检测数据多,而前期危害物监测缺失,食品安全信息渠道不畅通,各方面的数据不能共享,还没有建立人群食源性疾病症状监测网络,远远不能达到科学预警的要求。由于实验室条件参差不齐,监测网络只建立在有能力开展的省份,缺乏覆盖全国统一协调的监测网络,缺乏对引起食物中毒的常见重要致病菌进行风险评估的背景资料。

在食物污染方面,尚缺乏食品中一些对健康危害大而在贸易中又十分敏感的生物性污染物、化学污染物、物理性污染物的污染状况的监测资料。这些基础数据的缺乏使食品安全预警更多地停留在经验阶段。

在食品召回制度方面,美国食品召回信息主要由两个机构管理:美国食品安全检验局(FSIS),主要负责监督肉、禽和部分蛋类产品的召回;美国食品药品监督管理局(FDA),主要负责 FSIS 管辖以外食品的召回。登录 FDA 和 FSIS 网址主页即可查询到从 2004 年开始至今的所有食品召回信息。其他的发达国家如加拿大、英国、澳大利亚、新加坡等国家也都有着完善的食品召回运行机制和信息公示平台。我国虽然在 2011 年由国家质检总局修订了《食品召回管理规定》,对食品召回措施、不安全食品内容以及召回食品的处理要求等做了明确规定,但是仍未建立专门的食品召回信息公布窗口。

三、食品安全学发展趋势及展望

我国环境污染严重,农田、水源及空气污染本底非常高,农产品种植过程中环境污染物的迁移无法避免,食品中环境污染物超标已经成为威胁我国食品安全的重要因素。人口压力造成的食物短缺给农业生产带来巨大的压力,我国农业投入品种持续增加,农畜产品中农药、兽药残留量大。食品加工过程是食品安全问题的关键环节,随着人们食品消费习惯的变化和食品产业的发展,微生物安全风险将会逐步成为我国食品安全的主要风险因子。如何解决这个问题是未来 30~50 年间我国食品安全领域必须直面的问题。因此食品风险评估、食品安全标准,食品加工过程中安全控制、检测检验技术、食品安全预警与溯源等将是食品安全学发展的重点方向,在这些领域的突破性成果将会为我国食品安全问题破题解困。

1. 强化食品安全风险评估的研究

欧洲食品安全局(EFSA)十分重视食品安全风险评估的基础研究,2013 年欧洲食品安全局对食品安全风险评估研究制定了详细的计划:计划对食品污染物丙烯酰胺、镰刀霉菌毒素、镍含量进行评估;完成对厚壳明线瓶螺的风险评估、土壤及栽培基质的风险评估;重点对食品添加剂、调味品、塑料食品接触材料、食品酵素、活性智能包装材料进行评估等。EFSA 的所有评估由科学评估和支持(Scientific Assessment and Support, SAS)小组及膳食和化学监测(Dietary and Chemical Monitoring,DCM)小组进行统计分析。我国的风险评估研究体系也在逐步建立,随着国家食品安全风险评估中心的成立,食品安全风险评估的基础研究将会得到进一步加强。

食品毒理学是进行食品风险分析的关键技术手段,但是食品毒理学 1950 年之后在国际上才正式起步,我国则在 1975 年起步,我国在食品毒理学上的研究一直较少,近年来才出版了几本食品毒理学专著,并且主要集中在基础研究上,在应用研究上较少。其主要原因在于食品毒理学研究本身复杂,研究难度较大。

2. 食品安全检测技术向精、准、快方向发展

食品快速检测技术通常包括化学和生物两方面的分析技术。化学分析技术主要指化学检测试剂盒(试纸、卡、简易的光度计)、电化学传感器和化学发光技术等。生物分析技术则包括免疫学方法、生物传感器技术和蛋白质芯片等。

快速检测方法与国家标准方法相比具有操作简单、快速的优点,但由于大多数快速检测方法在样品前处理、操作规范性方面还有许多尚待完善之处,目前还只能作为快速筛选的手段,而不能作为最终判断的依据。随着高新技术的不断应用,目前食品安全快速检测的发展趋势可归纳为以下几点。①检测时间更短、准确性更高。在保证检测精度的前提下,食品检测所需时间越短越好。②检测灵敏度更高。随着对食品中有毒有害物质的认识日益深入,要求快速检测方法的灵敏度接近或达到分析仪器的水平。③检测

仪器微型化、自动化。随着微电子技术、生物传感器、智能制造技术的应用,检测仪器向小型化、便携化方向发展,使实时、现场、动态、快速检测逐渐成为现实。④检测方法集成化。现有食品安全快速检测技术的检测对象多为单一物质,难以应对众多有害物质的检测要求,迫切要求一些能够通过一次检测可同时测定多种成分的技术。⑤检测产品国产化。目前,市场上的食品安全快速检测产品大多是进口产品,检测成本很高,研究生产具有我国自主知识产权的食品安全快速检测技术产品是大势所趋。⑥检测方法标准化。

2013 年 6 月 18 日美国食品药品监督管理局(FDA)食品安全与营养应用中心(CFSAN)公布了科学研究战略计划,将食品中潜在不安全因素的筛选识别手段及快速检测技术作为其重要的战略目标,提高监管过程中食品添加剂和污染物检测效率。重点加强:农产品中沙门氏菌和大肠杆菌检测方法的特异性及食源性病原体快速检测验证方法;食品中病毒快速检测方法;海产品中弧菌种类检测方法验证;产品中高危化学污染物筛选方法。

3. 高度重视过程安全控制技术研究

食品成分(糖类、脂肪酸、蛋白质等物质)在加工过程中会产生食品安全危害物。因此,食品加工过程安全控制技术研究受到高度重视。危害物产生及代谢机制是食品安全与控制的理论基础。

食品加工过程中组分变化的定性、定量快速分析主要依赖于气相色谱法、高效液相色谱法、红外光谱法、质谱以及毛细管电泳法等检测方法。这些方法虽然灵敏度较高,但无法满足当前食品安全检测实时、在线的需求。目前有害物产生和代谢机理研究从宏观水平向分子水平发展。纳米生物传感器具有灵敏度高、速度快、成本低、易于实时检测等优点。危害物形成过程中分子识别机制的阐明,可以促进生物传感技术应用于食品加工的感知检测。

早期食品安全评价技术研究多采用整体动物实验研究化学物毒性及毒作用机制。目前,体外细胞试验等生物技术由于其高通量、高精度等特点,已成为生物医学研究领域一项先进实用的技术。体液代谢组学研究与细胞生物学和动物模型数据和知识的整合、代谢组学数据与蛋白组学数据的整合、代谢组学与计算生物学的整合以及构建代谢网络和代谢流动态变化的数学模型等,在食品安全评价研究领域内有着广阔的应用前景。

基于数学模拟的全程设计与控制是食品加工过程安全保障的新趋势。食品加工过程中动态机理复杂、变量多、自相关和互相关性严重、非线性强、生产过程不稳定,因此将生化分析、数模构建与过程自动化技术集成,研究分析仪器与自动控制系统结合后所带来的共性技术,将成为食品加工过程控制领域的一个新方向。近两年,国外一些学者开始尝试利用光谱数据实现对食品生产过程的监测及控制,提出了多向建模中数据遗失的处理方法。

4. 完善食品安全标准

食品安全标准是在风险评估基础上按照适宜健康保护水平建立的限量标准和控制措施,并且食品安全标准有从单个品种和指标向基础标准过渡的趋势。各国均在利用其技术优势提供污染水平、食物消费参数和相关健康评估等基础数据与评估模型及其软件,来制定食品安全标准。美国和欧盟利用科技优势主导国际食品安全标准制定,但发展中国家的能力建设也在提高,中国数据的重要性也已经显现。我国食品标准体系包括食品卫生标准、食品质量标准、农产品质量安全标准和行业标准中强制性指标,相互之间存在交叉矛盾,大多数不是基于风险评估基础上,前期研究薄弱,科学性不强,与国际先进水平存在的差距表现为如下几点:标准制定过程中风险分析依据不充分,相当多的标准缺乏评估数据;标准体系不健全,目前,一些基于新技术、新工艺、新资源食品标准尚未制定,与产品标准相配套的有毒有害物质限量和毒理学检测方法等方面的标准还比较少;食品标准中存在质量指标与安全指标相混淆的问题,造成监督困难,消费者也缺乏判断依据。亟待建立食品安全标准科学评估体系,在大量基础数据基础上进行风险评估,清理整合成为《食品安全法》规定的唯一食品安全国家标准。

总之,食品安全学在今后较长时间内仍然是食品领域发展的前沿和学科生长点,我国应该在基础研究、高新技术研发、应用技术创新与集成示范等方面,不断加强科技投入,切实提高我国食品安全的总体水平,使我国食品安全的科技支撑实现被动应付型向主动保障型的战略转变,努力保障公众健康与安全。

第一章　食品中有毒物质及中毒类型

第一节　食品中天然有毒物质

　　食物中毒原因很复杂,一些是因个人的遗传原因而引起食物中毒的,如牛奶对绝大多数人来说是营养丰富的食品,但成年人体内乳糖酶从出生一年后开始衰减,有些婴儿在刚出生时肠道内就缺乏乳糖酶活性,蛋白质热值吸收障碍严重的儿童,其乳糖酶活性在一个时期内会暂时消失,不能将牛奶中的乳糖分解为葡萄糖和半乳糖,饮用牛奶后会发生腹胀、腹泻等症状,导致严重的肠胃系统失调。据悉,70%的成年黑人、10%～15%的成年白人、95%的亚洲人受乳糖不耐症困扰。

　　一些体质敏感的人对一些常用食品如肉类、鱼类、蛋类以及各种蔬菜、水果发生过敏反应,产生局部或全身症状。如有人对菠萝中的一种蛋白酶过敏,食用菠萝后出现腹胀、恶心、呕吐、腹泻等症状,同时伴有头痛、四肢及口舌发麻、呼吸困难,严重者可引起休克、昏迷。

　　另外,食用量过大也会引起中毒。例如,荔枝含维生素 C 较多,但连续多日大量吃鲜荔枝,可引起"荔枝病"。发病时有饥饿感、头晕、心悸、无力、出冷汗,重者抽搐、瞳孔缩小、呼吸不规则甚至死亡。有人发现荔枝含有一种可降低血糖的物质,所以"荔枝病"的实质是低血糖症。

　　植物的毒性有下列几种情况。

　　非食用部位有毒,可食用部位无毒。一些常见水果,如杏、苹果、樱桃、桃、李、梨等,其果肉鲜美无毒,但其种仁、叶、花芽、树皮等含氰苷。

　　植物一定发育阶段有毒。如未成熟的蚕豆、发芽的马铃薯都含有有毒成分。

　　富含淀粉的块根植物,如木薯,含有有毒成分,经水浸、漂洗等处理去除后可安全食用,但未经处理或处理不彻底均可引起中毒。如菜豆、小刀豆等含有血球凝集素等物质,经煮沸可除去毒性。菜籽油、棉籽油等必须经过炼制,以除去毒蛋白、毒苷、棉酚等有毒成分。

蔬菜是人们膳食中的重要组成之一,它们含有硝酸盐,一般情况下是安全的,但是,如果大量、单独、连续食用含硝酸盐量高的蔬菜或腐败的蔬菜,就可能引起中毒。食物中天然有毒物质有以下几类。

一、生物碱

生物碱是一类具有复杂环状结构的含氮有机化合物,主要存在于植物中,有类似碱的性质,可与酸结合成盐,在植物体内多以有机酸盐的形式存在。其分子中具有含氮的杂环,如吡啶、吲哚、嘌呤等。生物碱的种类很多,已发现的有 2000 种以上,分布于 100 多个科的植物中,如罂粟科、茄科、毛茛科、豆科、夹竹桃科等植物中含有生物碱。游离的生物碱一般不溶或难溶于水,易溶于醚、醇、氯仿等有机溶剂。

生物碱大多数都有特殊的生物活性,也是大多数中草药的主要有效成分。生物碱的发现和应用可能是药物化学领域仅次于抗生素的伟大创举。现在有相当一部分常见药品都是对天然的生物碱进行结构修饰之后的产物。如很多复方感冒药中的有效成分是麻黄碱、阿托品、小檗碱(黄连素)、咖啡因等。

当然,有毒生物碱也不少,有毒生物碱主要有烟碱、茄碱、颠茄碱等,其生理作用差异很大,引起的中毒症状各不相同。

有的植物含很多种生物碱,如金鸡纳树含 30 多种,长春花含 70 多种。烟草的叶、茎中含十余种生物碱,其中主要成分为烟碱。烟碱为强毒性生物碱,皮肤和黏膜均易吸收,也可由消化道、呼吸道吸收中毒。烟碱作用于中枢神经和自主神经系统,小剂量时有兴奋作用,大剂量时产生抑制、麻痹作用。在动物中,海狸含海狸碱、蟾蜍分泌的毒汁中含有生物碱。

1. 咖啡因(caffeine)

咖啡因属于嘌呤类生物碱,咖啡因的系统命名是 1,3,7-三甲基黄嘌呤,又叫咖啡碱,直接来源是咖啡果和茶叶。实际上非常多的植物中都含有咖啡因(图 1.1)的类似物,如茶碱和可可碱。

咖啡因在肝脏中代谢,其代谢产物是茶碱、可可碱和黄嘌呤。这三种物质结构非常相似,药理作用都是中枢神经兴奋剂。小剂量的咖啡因作用于大脑皮质的高位中枢,可以使人精神兴奋,消除疲劳,改善思维,睡意也会减轻。咖啡因还有扩张支气管和利尿作用。

图 1.1　咖啡因结构

大剂量地服用咖啡因,它的中枢兴奋作用可能会使人觉得恶心、头痛、失眠,产生焦躁不安、肌肉震颤、耳鸣、心悸以及惊厥反应。

2. 吗啡(morphine)

吗啡为异喹啉类生物碱,吗啡是罂粟果渗出液的主要成分,早期被发现的生物碱之一,也是现今几乎在所有国家都受到严格管制的中枢镇痛药。

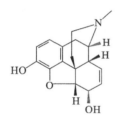

图 1.2 吗啡结构

吗啡(图 1.2)的毒性主要体现在反复服用之后的成瘾性。吗啡的急性致死量为 250 mg 左右,过量服用会有严重的呼吸抑制,如果不及时抢救很容易因为呼吸麻痹而死亡。

3. 秋水仙碱(colchicine)

秋水仙碱可以用于治疗痛风、白血病、皮肤癌和乳腺癌的化疗。秋水仙碱每天服用的剂量最大不能超过 6 mg。秋水仙碱的急性中毒反应很复杂,对血液、胃肠道、心脏、泌尿系统都有毒性,特别是抑制呼吸中枢。秋水仙碱的急性中毒没有特效解毒剂,患者必须定期检查肝肾功能和血常规。一般中毒后若不及时治疗,死亡率较高。一旦患者在服用秋水仙碱(图 1.3)期间出现了胃肠道反应,说明已经严重中毒了。

4. 乌头碱(aconitine)

所有种属的乌头的所有部分,从根到花,都有很强的毒性,乌头碱(图 1.4)可能也是可以和氰化钾、百草枯相提并论的有毒药物。

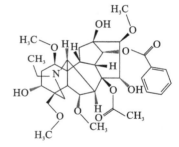

图 1.3 秋水仙碱结构   图 1.4 乌头碱结构

乌头碱在医学上用于癌症的辅助治疗,主要用于镇痛,因为它可以直接麻痹外周神经末梢,产生局部的镇痛作用。口服乌头碱 0.2 mg 即会产生中毒反应,致死量为 2~5 mg,作用非常迅猛和剧烈。内服乌头碱的主要反应是中枢剧烈兴奋,并且直接作用于心肌,一开始心跳剧烈加速,而后转为停跳。

乌头碱经过煎煮之后转换为乌头原碱,毒性大大降低,这也是附子、川乌是一味中药的原因。但是如果煎煮不得当,仍然会导致超过致死剂量,造成事故。

5. 龙葵碱(solanine)

茄属植物(马铃薯,茄子,西红柿)中有很多非常重要的食用作物,而这些食用作物中有一部分就含有有毒的化学物质龙葵碱(图 1.5),而在未成熟或者发芽的茄科植物中,龙葵碱的含量特别高。

龙葵碱中含有三个糖环,所以也称为配糖生物碱。龙葵碱的主要毒性是胃肠道黏膜的刺激性和腐蚀性,以及中枢麻痹性。中毒时胃痛加剧,而且出现恶心、呕吐和呼吸困难,全身虚弱,严重者会死亡。龙葵碱对人的致死剂量并不低,但是中毒剂量还是比较

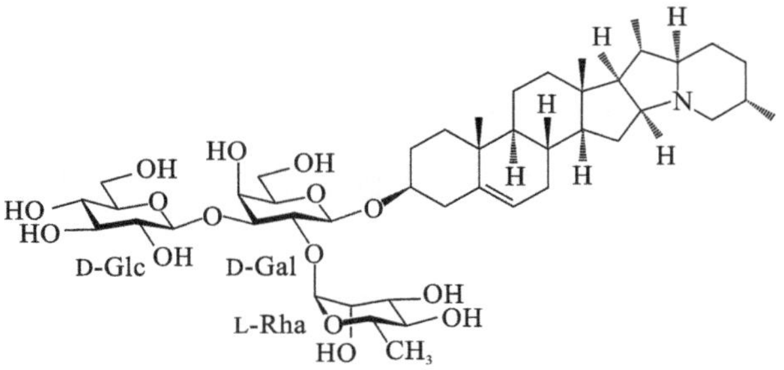

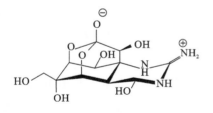

图 1.5　龙葵碱结构

低的。

6．烟碱（nicotine）

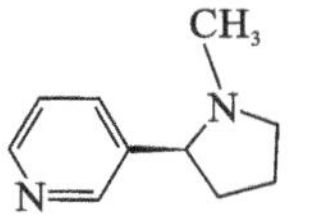

烟碱是烟叶中的重要成分，无色无臭，透明而且容易挥发。烟碱可作为杀虫剂，98％烟碱浓溶液有很高的杀虫活性，主要的作用机制是神经毒性，烟碱（图 1.6）对 N 胆碱受体有激动作用，作为触杀剂，与昆虫体表接触就可以发挥杀虫效果。

图 1.6　烟碱结构

烟碱对人有毒，大鼠口服 LD50 为 50 mg/kg。一次性摄取大量的烟碱，最终会因呼吸肌麻痹导致呼吸衰竭而死亡。

7．河豚毒素（tetrodotoxin）

河豚毒素（图 1.7）是剧毒的神经毒素，不仅在河豚体内有，在很多鱼类体内都有，也有研究表明，河豚毒素并非来自这些鱼类自体，而是来自一种共生的细菌（河豚毒交替假单胞菌）。

河豚毒素的特点是中毒发作迅速，一般在食用后 10 分钟左右发作。首先是皮肤酥麻和刺痛，然后迅速转为全身的广泛肌肉麻痹，并且出现胃肠道反应。严重急性中毒则是呼吸肌麻痹，甚至血压下降和循环衰竭。

图 1.7　河豚毒素结构

河豚毒素一度被认为是毒性最强烈的天然非蛋白毒素，现今无论国内国外都没有针对性的解毒剂。但是河豚毒在体内降解和排泄非常快，一般情况下只要河豚毒素中毒者 8 小时未死亡，大多可以恢复——但能挺过 8 小时的人不是很多。食用河豚中毒的事件屡有报道，马钱子碱可以用于治疗河豚毒素造成的肌肉麻痹。

二、苷类

苷为糖分子中的环状半缩醛形式的羟基和非糖类化合物分子中的羟基脱水缩合而成的具有环状缩醛结构的化合物。黄酮苷、蒽苷、强心苷、氰苷和皂苷常引起天然动植物食物中毒。

1. 氰苷

氰苷在植物中分布较广,禾本科、豆科和一些果树的种子、幼枝、花、叶等部位含有氰苷。一些鱼类,如青鱼、草鱼、鲢鱼、鲤鱼和鳙鱼等淡水鱼的胆汁中含有胆汁毒素,胆汁毒素的主要成分是组胺、胆盐和氰苷。

氰苷为杏仁、苦桃仁、枇杷仁、李子仁和木薯的有毒成分,是一种含有氰基(—CN)的苷类,苦杏仁苷溶于水,食入苦杏仁后,当果仁在口腔中咀嚼和在胃肠内被消化时,苦杏仁苷即被果仁所含的水解酶水解释放出氢氰酸,迅速被黏膜吸收进入血液,能麻痹咳嗽中枢,所以有镇咳作用,但过量氰离子与含铁的细胞色素氧化酶结合,致使呼吸酶失去活性,氧不能被组织细胞利用,妨碍正常呼吸,因组织缺氧,机体陷入窒息状态。氢氰酸尚可直接损害延髓的呼吸中枢和血管运动中枢,使之麻痹,最后导致死亡。

由于苦杏仁含氰苷最多,平均氰苷含量为 3%,故氰苷也称为苦杏仁苷。苦杏仁苷有剧毒,对人的最小致死量为 0.4~1 mg/kg 体重,因此,不要生吃各种核仁,尤其不要生食苦杏仁。苦杏仁苷经加热水解形成氢氰酸后挥发除去,因此民间制作杏仁茶、杏仁豆腐等杏仁均经加水磨粉煮熟,使氢氰酸在加工过程中充分挥发,故不致引起中毒。苦杏仁中毒多发生于杏熟时期,生吃苦杏仁会中毒。

木薯和亚麻子中含有亚麻苦苷。生食或食用未煮熟的木薯,或喝洗木薯的水、煮木薯的汤也会中毒。南方某些地区有食用木薯的习惯,木薯含有氰苷,且 90% 存在于皮内,故直接生食木薯常可导致与苦杏仁相同的氢氰酸中毒。木薯块根中氰苷含量与栽种季节、品种、土壤、肥料等因素有关。新种木薯当年收获的块根,氢氰酸含量为 41.2~92.3 mg/100 g,而连种两年所获块根氢氰酸含量仅为 6.6~28.3 mg/100 g。为防止中毒,食用鲜木薯必须去皮,加水浸泡 2 天,并在蒸煮时打开锅盖使氢氰酸挥发。

2. 皂苷

皂苷水溶液振摇时能产生大量泡沫,似肥皂,故名皂苷,又称皂素。皂苷对黏膜,尤其对鼻黏膜的刺激性较大。内服量过大可伤肠胃,发生呕吐,并引起中毒。如夹竹桃是一种著名的观赏植物,但它的枝、叶、树皮和花中都含有夹竹桃苷,误食其叶片或在花丛下进食、散步时,有可能受花粉、花瓣污染。另外,如在夹竹桃树下种植各类瓜果蔬菜,也可能因花粉作用,使所种的果蔬发生变异,而具有毒性。

含有皂苷的植物有豆科、五加科、蔷薇科、菊科、葫芦科和苋科。动物中海参和海星也含有皂苷。

3. 硫苷

植物中的主要辛味成分是硫苷类物质。此类物质在低血碘时妨碍甲状腺对碘的吸收,从而抑制甲状腺素的合成。如十字花科蔬菜中含有芥子苷,芥子苷在芥子酶的作用下可产生有毒的异硫氰酸盐。可以采用高温破坏芥子苷酶的活性,也可采用发酵中和法去掉已产生的有毒物质。

三、有毒蛋白质和肽

蛋白质是生物体中的复杂物质之一。当异体蛋白质注入人体组织时可引起过敏反应，内服某些蛋白质也可能中毒。植物中的胰蛋白酶抑制剂、红细胞凝集素、蓖麻毒素、植物中的硒蛋白、巴豆毒素、刺槐毒素等都属于有毒蛋白质。此外，毒蘑菇中的毒伞菌、白毒伞菌、褐鳞环柄菇等含有毒肽和毒伞肽。有些鱼类的卵中含有毒蛋白质。大豆蛋白酶抑制剂也是有毒蛋白质，食用生大豆，不仅会降低大豆的营养价值，食用过量还可中毒。此种蛋白质不耐热，可用热处理方法消除。

四、酶

生物体内的酶是蛋白质类化合物，某些植物体中含有对人体健康不利的酶。如一些酶能通过分解维生素产生有毒化合物，如蕨类中的硫胺素酶可破坏动植物体内的硫胺素，引起人和动物的硫胺素缺乏症。大豆中存在破坏胡萝卜素的脂肪氧化酶，食入未处理的大豆可使家畜及人体血液和肝脏内的维生素A及胡萝卜素的含量降低，大豆中的胰蛋白酶抑制物可抑制胰脏分泌的胰蛋白酶的活性，降低大豆蛋白质的营养价值。

五、酚类及其衍生物

酚类及其衍生物主要包括简单酚类、黄酮、异黄酮、鞣酸等多种类型化合物，是植物中最常见的成分。如白果肉质外种皮、种仁以及绿色的胚中含有有毒成分，如白果二酚、白果酚、白果酸等，尤以白果二酚的毒性较大。人的皮肤接触种皮或肉质外种皮后可引起皮炎、皮肤红肿，经皮肤吸收或食入白果的有毒部位后，毒素可经小肠吸收作用于中枢神经系统，引起中枢神经系统损害及胃肠道症状。

棉花所含棉酚有游离型和结合型两种，游离型棉酚是一种含酚毒苷，对神经、血管、实质性脏器细胞等都有毒性，中毒者表现为中枢神经、心、肝、肾等损害。因此，不要食用粗制生棉籽油。榨油前，必须将棉籽粉碎，经加热脱毒后再榨油。然后，榨出的毛油经过精炼，可使棉酚逐渐被分解破坏。棉籽油中游离型棉酚不得超过0.02%，棉酚超标的棉籽油严禁食用。

六、草酸和草酸盐

人食用过多的草酸也有一定的毒性。草酸在人体内可与钙结合生成不溶性的草酸钙,不溶性的草酸钙可在不同的组织中沉积,尤其在肾脏,常见的含草酸多的植物主要有菠菜等。

第二节　食品中毒类型

自然界中有许多含有有毒物质的动物、植物和微生物,如河豚、鲜黄花菜、毒蘑菇等,少量食用可引起中毒。甚至蜜蜂从有毒植物上采集花粉酿成的蜂蜜也含有该种植物的有毒物质,食用后亦引起相应的中毒症状。不论食物中毒症状如何,可以把食物中毒分为以下几种类型。

一、神经精神类型中毒

神经精神类型毒素可引起中枢神经系统功能紊乱,出现中毒性精神病。早期为意识模糊,而后才表现为神经精神症状,神经精神类型中毒物质如下。

（1）毒蝇碱　经消化道吸收后,可刺激交感神经系统,降低血压,减慢心率,加快胃肠平滑肌的蠕动。蟾蜍毒素也属于此类型毒素。

（2）光盖伞素　二甲基色胺衍生物,能引起视觉、听觉、味觉的紊乱。

（3）毒蕈类　例如褐黄牛肝菌,大多于进食后 2 小时发病,早期为胃肠道症状,后期为神经精神症状。情绪兴奋紊乱,类似精神分裂症。

二、肝损害型中毒

肝脏是机体多种物质代谢的中心,在蛋白质、糖、脂肪、维生素、酶、激素等代谢中起重要作用,而且与胆汁的生成、免疫功能、解毒作用等机能密切相关,肝脏机能衰退常可直接威胁生命。

含毒肽和毒伞肽的毒蕈种类有白毒伞、鳞柄白毒伞、包脚黑褶伞、褐鳞小伞、秋生盔孢伞。毒肽作用于肝细胞的内质网,早期可见小的空泡,晚期可见巨大腔隙充满于内质网中。对人体作用较快,大剂量时 1～2 小时可致死。毒伞肽作用于肝细胞的细胞核,使细胞核萎缩、病变,同时对肾、脑、心肌等也有一定程度的退行性变化或充血水肿。对人体的作用较慢,毒力较强,严重损害肝脏,对心肾、脑等也有损害作用。

三、溶血型中毒

溶血型中毒物质主要有马鞍酸和毒蕈溶血素,马鞍酸能破坏红细胞,出现溶血现象,60 ℃和干燥的情况下都能破坏其溶血作用。毒蕈溶血素也可破坏红细胞,出现急性溶血。在70 ℃和弱酸、弱碱、胃蛋白酶、胰液等作用下,都能失去溶血作用。

含中毒性溶血型毒素有鹿花菌和纹缘鹅膏。鹿花菌马鞍酸不耐热,将鹿花菌煮熟或晒干食用都不会中毒,如生食或食用煮蘑菇的汤就有可能中毒。纹缘鹅膏毒性大,含有毒伞肽和红血细胞溶血素,主要表现为溶血性贫血、中毒性肝炎、中毒性心肌炎等症状,1~2天内人体中大量红细胞被破坏,重者可继发肝脏损害,甚至发生尿毒症而死亡。本类中毒症状如下。

红细胞被破坏,患者出现贫血、虚弱,重者有烦躁、气促等症状。由于红细胞大量被破坏,血红蛋白分解,胆红素过多,超过肝脏转化能力,因而临床上可见到溶血性黄疸,并见血红蛋白尿。血红蛋白堵塞肾小管,使肾小球囊内压升高,滤过压降低,尿量减少,进一步发展可出现尿毒症。

第二章 食品原料固有危害

第一节 含天然有毒物质的植物性食物

一、豆类

1. 菜豆

菜豆包括扁豆、四季豆、芸豆、刀豆、豆角等,其有毒成分包括皂苷和血球凝集素。其中皂苷对消化道黏膜有强烈的刺激作用,可引起胃肠道反应;血球凝集素毒性主要为凝血作用,偶见死亡病例。此外,菜豆的亚硝酸盐和胰蛋白酶抑制物均能产生肠胃刺激,潜伏期一般为 2~4 小时,主要为胃肠炎症状。病程为数小时甚至 1~2 天。轻症中毒者,只需静卧休息,少量多次地饮服糖开水或浓茶水,必要时可服镇静剂如安定、利眠宁等。中毒严重者,若呕吐不止,造成脱水,或有溶血表现,应及时送医院治疗。民间方用甘草、绿豆适量煎汤当茶饮,有一定的解毒作用。

扁豆、四季豆、东北油豆、蚕豆、豆角等含有皂苷的菜豆中,采用水煮、油炒可破坏其毒素而安全食用。血细胞凝集素在 100 ℃、20 分钟或 105 ℃、10 分钟湿热条件下即可完全灭活,但对干热有抗性。因此,预防菜豆中毒,炒食时要充分加热,要使菜豆充分熟透,破坏其全部毒素,多采用闷煮、焯水后再炒等方法,确保烧熟煮透,一定要烧至颜色失去原有青绿色。晚熟品种,皮厚、豆大、豆角较老的菜豆往往含有较多的毒素,加工更应彻底。凉拌时要先煮熟,不要贪图其鲜艳的绿色和脆嫩。

大多数菜豆中毒患者通过补液、促进毒素排出等治疗后在 1~2 日内能够恢复健康,但临床上应警惕菜豆中毒导致肝功能损伤、横纹肌溶解症等情况发生。

2. 蚕豆

少数人有一种先天性的生理缺陷,即其体内缺乏 6-磷酸葡萄糖脱氢酶,因而其还原型的谷胱甘肽的含量也很低,食后会引起一种变态反应性疾病,即红细胞凝集及急性溶血性贫血症,称为蚕豆病,一般在春季吃青蚕豆时发生。症状为血尿、乏力、眩晕、胃肠紊乱及尿胆素排泄增加、呕吐、发热、贫血和休克等。严重者出现黄疸、呕吐、腰痛、发热、贫血及休克。一般吃生蚕豆后5～24小时后即可发病,如吸入其花粉,则发作更快。

蚕豆中含有巢菜碱苷,是6-磷酸葡萄糖的竞争性抑制物,是引起急性溶血性贫血的主要因素之一。在巢菜碱苷侵入后,即发生血细胞溶解,出现蚕豆黄病症状。

预防方法:不要生吃新鲜嫩蚕豆,吃干蚕豆时也要先用水浸泡,换几次水,然后煮熟后食用。

3. 生豆浆

豆浆虽然营养丰富,且易消化吸收,但由于生大豆也含有毒成分,当食用未煮熟的豆浆时,亦可引起中毒。特别是在豆浆加热到80℃左右时,皂素受热膨胀,泡沫上浮,以为已煮沸,其实是假沸,此时存在于豆浆中的皂素等有毒成分并没有完全破坏,如果饮用这种豆浆即会引起中毒,通常在食用0.5～1小时后即可发病,主要是胃肠炎症状。在煮豆浆时,"假沸"之后应继续加热至100℃,泡沫消失,然后再用小火煮10分钟,彻底破坏豆浆中的有害成分,也可以采取93℃加热30分钟,121℃加热5～10分钟,或喷雾干燥等方式有效消除有害成分。

二、粮食作物

1. 木薯

木薯为世界三大薯类(马铃薯、甘薯、木薯)之一。可食部分为块根,内含淀粉和少量蛋白质,为我国南方个别地区主杂粮之一。

引起木薯中毒的主要有毒物质是亚麻仁苦苷。木薯的全株各部位,如根、茎、叶中都含有亚麻仁苦苷,其中叶部约占全株含量的2.1%,茎部约占36%,以新鲜块根(可食用部分)的毒性较大,约占61%,块根以皮层含量最高,为肉质部的15～100倍,一般食用150～300 g生木薯即能引起严重中毒或死亡。早期症状为胃肠炎症状,严重者出现呼吸困难、躁动不安、瞳孔散大,甚至昏迷。最后可因抽搐、缺氧、休克或呼吸循环衰竭而死亡。需经处理后方可食用。

预防措施:在食用木薯前应去皮,水浸薯肉,可溶解氰苷,如将生木薯水浸6天,可除去70%以上的氰苷,再经加热煮熟,即可食用。

不能喝煮木薯的汤,不能空腹吃木薯,一次也不宜吃得太多。

2. 马铃薯

马铃薯是一种常食用的食品,但它也含有毒成分茄碱,又称马铃薯毒素、龙葵苷,是一种弱碱性的苷类生物碱,茄碱对人体的毒性是刺激黏膜、麻痹神经系统、呼吸系统、溶解红细胞。一般在进食含马铃薯毒素后数十分钟至10小时内发病,首先是咽喉部瘙痒和烧灼感、头晕,并有恶心、腹泻等症状;严重者出现耳鸣、脱水、发热、昏迷、瞳孔散大、脉搏细弱、全身抽搐,可因呼吸麻痹而致死。

马铃薯全株均含有茄碱,不过,各部位含量不同,成熟马铃薯含量极微(0.005~0.01 g/kg),一般不引起中毒,发芽马铃薯茄碱含量高,而马铃薯的芽、花、叶及块茎的外层皮中含量比较高,嫩芽部位的毒素比肉质部分高几十倍至几百倍。在未成熟的绿色马铃薯中和因储存不当出现黑斑的马铃薯块茎中,其毒性物质含量均高,当食入 0.2~0.4 g 茄碱时,即可发生中毒。

预防措施:应将马铃薯存放于干燥阴凉处,防止发芽,如发芽较多或皮肉为黑绿色的马铃薯都不能食用。如发芽不多,可剔除芽及芽基部,去皮后水浸 30~60 分钟,烹调时加些醋,以破坏残余的毒素。

中毒较轻者,可大量饮用淡盐水、绿豆浊汤、甘草汤等解毒。中毒较严重者,应立即用手指、筷子等刺激咽后壁催吐,然后用浓茶水或 1:5000 高锰酸钾液、2%~5% 鞣酸反复洗胃;再予口服硫酸镁 20 g/L 导泻。适当饮用一些食醋,也有解毒作用。呼吸衰竭者应进行人工呼吸;昏迷时可针刺人中穴、涌泉穴急救。经过上述处理后,中毒严重者应尽快送往医院进一步救治。

三、蔬菜

1. 青菜

蔬菜能主动从土壤中富集硝酸盐,其硝酸盐的含量高于粮谷类。叶菜类蔬菜中含有较多的硝酸盐和极少量的亚硝酸盐。人体摄入的 NO_3^- 中 80% 以上来自蔬菜,硝酸盐可因硝酸盐还原菌的还原作用还原为亚硝酸盐,这种反应可在体外,也可以体内胃肠道中进行,只要存在硝酸盐和硝酸盐还原菌,条件适宜时,还原作用还会加快。当其蓄积到较高浓度时,就能引起中毒。

成熟的青菜存放过久,腐烂变质(硝酸盐变亚硝酸盐),腌制不久的腌菜,用苦水(含硝酸盐较多)煮的菜或粥等食品存放过久,或者锅内温热的苦水过夜后再煮的食物,食用后由于胃肠道中具有硝酸盐还原作用的细菌的大量繁殖并发酵,可将食入的硝酸盐还原为亚硝酸盐。当过多的亚硝酸盐进入人体血液时,将正常的血红蛋白氧化成高铁血红蛋白,血红蛋白内的 Fe^{2+} 转变为 Fe^{3+},高铁血红蛋白化学性质稳定,而且还可阻止氧合血红蛋白释放氧,因此会引起组织机体缺氧,出现一系列的缺氧症状。一般食用 0.5~4 小时发病,少数患者延迟至 20 小时。起病急骤,病情进展快,临床主要症状是缺氧。轻症者只有口唇、指甲轻度现象,重者眼结膜、舌尖、手足及全身皮肤均发青紫色。

预防中毒的办法是食用新鲜蔬菜,煮熟的菜不宜久闷存放,腌菜应在腌制一个月以后才可食用。

急救措施:应将患者置于空气新鲜、通风良好的环境中,让患者大量饮水,迅速灌肠、洗胃、导泻,患者要绝对卧床休息,注意保暖。呼吸困难者给予氧气吸入,并输入新鲜血液 300～500 mL。使用特异性解毒剂 25％葡萄糖溶液加 1‰美蓝溶液静脉注射,剂量按 1～2 mL/kg 计算;也可口服,但剂量加倍。服用大剂量维生素 C,使高铁血红蛋白还原为血红蛋白。

2. 鲜黄花菜

黄花菜又名金针菜,烹调食用味道鲜美。但其中有秋水仙碱,当其进入人体并在组织内氧化时,会迅速生成剧毒物质二秋水仙碱。秋水仙碱会对人体胃肠道、泌尿系统产生强烈的刺激作用,成年人一次食入 0.1～0.2 mg 秋水仙碱(相当于 50～100 g 鲜黄花菜)即可引起中毒,一次摄入 3～20 mg,可导致死亡。食用干黄花菜不会引起中毒。

鲜黄花菜引起的中毒,一般在 4 小时内出现症状,主要是嗓子发干、心慌胸闷、头痛、呕吐及腹痛、腹泻,重者还会出现血尿、血便、尿闭与昏迷等。

鲜黄花菜中毒预防措施如下。

(1) 浸泡处理:先用开水将鲜黄花菜焯一下,然后用清水浸泡 2～3 小时(中间需换一次水)。

(2) 高温处理:即用水将鲜黄花菜煮沸 10～15 分钟,把菜煮熟煮透,再清水浸泡,使水溶性的秋水仙碱大部分被除去。也可以煮熟、煮透鲜黄花菜,再烹调食用。

(3) 一旦发生食鲜黄花菜中毒,可先催吐、导泻,然后送医院治疗。

3. 十字花科蔬菜

常用作蔬菜的十字花科植物,如油菜、甘蓝、芥菜、萝卜等,含有芥子油苷,一种阻抑机体生长发育的毒素。菜籽饼中含有硫代葡萄糖苷,硫苷本身无毒,水解后在芥子酶作用下,裂解为异硫氰酸盐和恶唑烷硫酮等有毒物质,作为饲料可使牲畜甲状腺肿大,导致代谢作用紊乱,出现各种中毒症状,甚至死亡。

预防措施:采用高温(140～150 ℃)破坏菜籽饼中芥子酶的活性,采用发酵中和法将已产生的有毒物质除去,就可以用作饲料。

四、水果

1. 某些水果的果仁

有些水果,如杏、桃、枇杷、苹果等,果肉虽无毒,但种子或其他部位含有氰苷,苦杏仁苷。

苦杏仁和苦桃仁的苦杏仁苷含量最高,约 3％,相当于含氢氰酸 0.17％。

当人食入果仁时,苦杏仁苷在口腔、食道及胃中遇水,经核仁本身所含苦杏仁酶的作用,水解产生氢氰酸。氢氰酸被吸收后,使人体呼吸不能正常进行,陷于窒息状态。其症状为口苦涩、流涎、头痛、恶心、呕吐、心悸、脉频等,重者昏迷,继而意识丧失,可因呼吸麻痹或心跳停止而死亡。苦杏仁苷中毒的潜伏期为 0.5～5 小时。

预防中毒的措施:不吃各种生果仁,苦杏仁经炒熟后可除去毒素。如用苦杏仁治病,应遵照医嘱,防止因食用过量中毒。

2.柿子

柿子是人们喜食的水果之一,但如果一次食量过大,或者食入了未成熟的柿子时,容易生成胃柿石。胃柿石形成的原因有三点:①柿子含有柿胶酚遇到胃内的酸液后,产生凝固而沉淀;②柿子中含有的收敛剂红鞣质,与胃酸结合凝结成小块,而且逐渐凝集成大块;③柿子中含有约14%的胶质和7%的果胶,这些物质在胃酸作用下也能发生凝固,最终形成胃柿石。胃柿石在胃内凝集成块。而且只要继续摄入,胃柿石会越积越大,越来越坚,无法排出。

另外,柿子也不能和含高蛋白质的物质同时食用,柿子中的有机酸类物质容易和蛋白质凝固,在胃中无法消化,也不能排除。所以中医严禁蟹柿同食。因此,吃柿子不要空腹,不要过量,未成熟的柿子不能吃。不要与酸性食物同时食用。胃酸过多者少食用。

3.荔枝

荔枝中含大量的果糖,果糖经胃肠道黏膜的毛细血管很快吸收入血后,必须由肝脏内的转化酶,将果糖转化为葡萄糖,才能直接为人体所利用。如果过量食入荔枝,就有过多的果糖进入人体血液,使果糖的转化酶供不应求。在这种情况下,大量的果糖不能转化为能被人体利用的葡萄糖。与此同时,荔枝影响食欲,使人体得不到必需的营养补充,致使人体血液内的葡萄糖不足,导致荔枝病,荔枝病的实质是一种低血糖症。

一旦发生荔枝病,应该积极治疗。仅有头晕、乏力、出虚汗等轻度症状者,可服用葡萄糖水或白糖水,以纠正低血糖,补充生命必需的葡萄糖。出现抽搐、虚脱或休克等荔枝病重症者,应及时送医院治疗,静脉推注或静脉点滴高浓度的葡萄糖,可迅速缓解症状,治愈后不留后遗症。

4.菠萝

菠萝中含有菠萝蛋白酶以及苷类等容易引起人过敏、皮肤刺激的致敏物质,有过敏体质的人吃后会引发过敏、头晕、腹痛、呕吐、口舌发麻等症状,俗称菠萝病。

吃菠萝前一定要在盐水里浸泡半小时左右,再用凉开水浸洗去咸味,达到去除过敏原的目的。此外,菠萝中含糖量较高,不利于糖尿病患者食用,否则会加重糖尿病症状。

五、蕈类

蕈类又称蘑菇,夏秋季节我国广大地区气温较高,雨量充沛,为蘑菇等大型真菌的繁衍提供了极有利的条件。野生蕈菌是大自然赐给人类的美味佳肴,营养丰富、味道鲜美,对提高人体免疫力很有帮助,自古以来就被人们视为食用佳品。但有些野生蕈菌被人们食用后造成中毒,严重者导致死亡,人们称这类野生蕈菌为毒蕈。

毒蕈与可食野生蕈菌极其相似,在野外杂生情况极难分辩,易造成人们误食中毒。近年来,我国毒蘑菇中毒的发生率呈上升趋势。据报道,因误食有毒野生蘑菇引起的中毒死亡事件已居各种中毒致死事件的第 2 位。毒蕈的毒性有强有弱,有的毒蕈毒性虽小,但进食过多仍可发生严重中毒,有的毒草毒性非常强,误食中毒后,一旦出现临床症状已属晚期,目前尚无特效治疗措施,抢救治疗成功率较低,死亡率高。

1. 毒蕈中毒类型

毒蕈或称毒蘑菇,指食后可引起中毒的蕈类。我国有毒蕈 100 多种,对人生命安全构成威胁的有 20 多种,因剧毒致死的不到 10 种,主要的毒蕈毒素有胃肠毒素、神经精神毒素、血液毒素、原浆毒素、肝肾毒素等,一种毒蘑菇可含多种毒素,中毒症状也常表现复杂,常以一个系统的症状为主,抢救不及时易死亡。人们缺乏识别有毒与无毒蘑菇经验,容易误将有毒蘑菇采摘食用造成中毒。

毒蕈中毒分为四种类型。

1) 胃肠炎型

胃肠炎型中毒由误食毒粉褶菌、毒红菇、虎斑蘑、红网牛肝菌及墨汁鬼伞等毒蕈所引起。潜伏期为 0.5～6 小时。发病时表现为剧烈腹泻、腹痛等。引起此型中毒的毒素尚未明了,但经过适当的对症处理中毒者即可迅速康复,死亡率甚低。

2) 神经精神型

神经精神型中毒由误食毒蝇伞、豹斑毒伞(图 2.1)等毒蕈所引起。其毒素为类似乙酰胆碱的毒蕈碱。潜伏期为 1～6 小时。发病时临床表现除肠胃炎的症状外,尚有副交感神经兴奋症状,如多汗、流涎、流泪、脉搏缓慢、瞳孔缩小等。用阿托品类药物治疗效果

图 2.1　豹斑毒伞

甚佳。少数病情严重者可有谵妄、幻觉、呼吸抑制等表现。个别病例可因此而死亡。

误食角鳞灰伞及臭黄菇者除肠胃炎症状外,可有头晕、精神错乱、昏睡等症状。即使不治疗,1~2 天亦可康复,死亡率甚低。

误食牛肝蕈者,除肠胃炎等症状外,多有幻觉(矮小幻视)、谵妄等症状。部分病例有迫害妄想等类似精神分裂症的表现。经过适当治疗也可康复,死亡率亦低。

3)溶血型

溶血型中毒因误食鹿花蕈等引起。其毒素为鹿花蕈素。潜伏期为 6~12 小时。发病时除肠胃炎症状外,并有溶血表现。可引起贫血、肝脾肿大等体征。此型中毒对中枢神经系统亦常有影响,可有头痛等症状。给予肾上腺皮质激素及输血等治疗多可康复,死亡率不高。

4)肝炎型

肝炎型中毒因误食毒伞、白毒伞、鳞柄毒伞等引起。所含毒素包括毒伞毒素及鬼笔毒素等。鬼笔毒素作用快,主要作用于肝脏。毒伞毒素作用较迟缓,但毒性较鬼笔毒素大 20 倍,能直接作用于细胞核,有可能抑制 RNA 聚合酶,并能显著减少肝糖原而导致肝细胞迅速坏死。此型中毒病情凶险,死亡率甚高。

此型中毒的临床过程可分为 6 期。

(1)潜伏期 食后 15~30 小时,一般无任何症状。

(2)肠胃炎期 可有吐泻,但多不严重,常在一天内自愈。

(3)假愈期 此时患者多无症状,或仅感轻微乏力、不思饮食等。实际上肝脏损害已经开始。轻度患者肝损害不严重,可由此进入恢复期。

(4)内脏损害期 此期内肝、脑、心、肾等器官可有损害,但以肝脏的损害最为严重。可有黄疸、转氨酶升高、肝大、出血倾向等表现。死亡病例的肝脏多显著缩小,切面呈槟榔状,肝细胞大片坏死,肝细胞索支架塌陷,肝小叶结构破坏,肝窦扩张,星状细胞增生或有肝细胞脂肪性变等。少数病例有心律失常、少尿、尿闭等表现。

(5)精神症状期 部分患者烦躁不安或嗜睡,甚至昏迷惊厥,可因呼吸、循环中枢抑制或肝性脑病而死亡。

(6)恢复期 经过积极治疗的病例一般在 2~3 个星期后进入恢复期,各项症状体征渐次消失而痊愈。

此外,有少数病例呈暴发型过程,潜伏期后 1~2 日突然死亡。可能为中毒性心肌炎或中毒性脑炎等所致。

2. 预防、治疗方法

应通过科学普及教育,使群众能识别毒蕈而避免采食。一般而言,凡色彩鲜艳、有疣、斑、沟裂、生泡流浆,有蕈环、蕈托及奇形怪状的野蕈皆不能食用。但需知道部分毒蕈(如剧毒的毒伞、白毒伞)与可食蕈极为相似,如果没有充分把握,以不采食为宜。

发生毒蕈中毒应及时采用催吐、洗胃、导泻、灌肠等方法以迅速排出尚未吸收的毒物。误食毒伞、白毒伞等毒蕈者,发病时间离食蕈 6 小时以上的,仍应给予洗胃、导泻等治疗。洗胃、灌肠后导入鞣酸、活性炭等可以减少毒素的吸收。中毒时应积极输液,纠正脱水、酸中毒及电解质紊乱。对有肝损害者应给予保肝治疗。对有精神症状或有惊厥者应给予镇静或抗惊厥治疗。

中毒时要大量饮用温开水或稀盐水,然后把手指伸进咽部催吐,以减少毒素的吸收。对已发生昏迷的患者不要强行向其口内灌水,防止窒息。为患者加盖毛毯保温。如为速发型毒蕈,会出现流涎、腹痛及瞳孔缩小等症状,可皮下注射、肌内注射或静脉注射阿托品。

阿托品适用于含毒蕈碱的毒蕈中毒,凡出现流涎、恶心、腹泻、多汗、瞳孔缩小、心动过缓等可根据病情轻重,采用 0.5～1 mg 皮下注射,每 0.5～6 小时一次。必要时可加大剂量或改用静脉注射。阿托品尚可用于缓解腹痛、吐泻等胃肠道症状。对因中毒性心肌炎而致房室传导阻滞亦有作用。

肝炎型中毒患者在假愈期仍应采取保肝等一系列治疗措施。甘草 1～2 两,绿豆 1～4 两,水煎口服;金银花藤 4 两,煎服;鲜金银花或嫩叶适量,洗净嚼服。

巯基络合剂适用于肝损害型毒蕈中毒。其作用机理是此类药物与某些毒素如毒伞肽等相结合,使其毒力减弱。常用的巯基络合剂如下:二巯丁二钠 0.5～1 g 稀释后静脉注射,每 6 小时一次,首剂加倍,症状缓解后改为每日注射 2 次,5～7 天为 1 个疗程;二巯丙磺钠 5% 溶液 5 mL 肌内注射,每 6 小时一次,症状缓解后改为每日注射 2 次,5～7 天为 1 个疗程。

肾上腺皮质激素适用于溶血型毒蕈中毒及其他重症中毒病例,特别是有中毒性心肌炎、中毒性脑炎、严重的肝损害及有出血倾向的病例皆可应用。晚期重症患者应加强对症支持治疗及控制感染;出血严重时应予以输血。

3. 各种毒蕈的毒性

(1)致命白毒伞　外形与一些传统的食用蘑菇较为相似,极易引起误食。其毒素主要为毒伞肽类和毒肽类,在新鲜毒菇中毒素含量很高,50 g 左右的白毒伞菌体所含毒素便足以使一个成年人中毒致死。

(2)铅绿褶菇　多于雨后长在草坪、草地及蕉林地上。铅绿褶菇毒性比致命白毒伞弱,主要引起胃肠型症状,但也可能含少量类似白毒伞的毒素,对肝等脏器和神经系统造成损害,也有可能因误食而致命。本菌有较多的相似种,特别是易与可食的高大环柄菇相混淆,具有很强的欺骗性。

(3)网孢牛肝菌　牛肝菌属中的某些种类含有神经精神毒素,降低血压、减慢心率、引起呕吐和腹泻,还可致瞳孔缩小。另外,牛肝菌属中的某些种类含有致幻素,中毒后表现为幻觉、谵忘。

(4)大鹿花菌　子实体较小,菌盖直径 8.9～15 cm。呈不明显的马鞍形,稍平坦,微皱,黄褐色。菌柄长 5～10 cm,粗 1～2.5 cm,圆柱形,菌盖色浅,平坦或表面稍粗糙,中空。在针叶林中地上靠近腐木单生或群生,可能有毒,毒性因人而异,不可食用。

（5）赭红拟口蘑　又称赭红口蘑,子实体中等或较大,菌盖有由短绒毛组成的鳞片,浅砖红色或紫红色,菌盖直径4～15 cm。菌褶带黄色,弯生或近直生,密不等长,褶缘锯齿状。菌肉白色带黄,中部厚。菌柄细长或者粗壮,长6～11 cm,粗0.7～3 cm,上部黄色下部稍暗具红褐色或紫红褐色小鳞片,内部松软后变空心,基部稍膨大。夏秋季生于针叶树腐木上或腐树桩上,群生或丛生。误食此菌,往往产生呕吐、腹痛、腹泻等胃肠炎症状。

（6）白毒鹅膏菌　子实体中等大,纯白色。菌盖初期卵圆形,开伞后近平展,直径7～12 cm,表面光滑。菌肉白色。菌褶离生,稍密,不等长。菌柄细长圆柱形,长9～12 cm,粗2～2.5 cm,基部膨大呈球形,内部实心或松软,菌托肥厚,近苞状或浅杯状,菌环生柄之上部。夏秋季分散生长在林地上。毒素为毒肽和毒伞肽。中毒症状主要以肝损害型为主,死亡率很高。

（7）毒鹅膏菌（图2.2）　又称绿帽菌、鬼笔鹅膏、蒜叶菌、高把菌、毒伞。子实体一般中等大。菌盖表面光滑,边缘无条纹,菌盖初期近卵圆形至钟形,开伞后近平展,表面灰褐绿色、烟灰褐色至暗绿灰色,往往有放射状内生条纹。菌肉白色。菌褶白色,离生,稍密,不等长。菌柄白色,细长,圆柱形,长5～18 cm,粗0.6～2 cm,表面光滑或稍有纤毛状鳞片及花纹,基部膨大成球形,内部松软至空心。菌托较大而厚,呈苞状,白色。菌环白色,生菌柄之上部。夏秋季在阔叶林中地上单生或群生。此菌极毒,菌体幼小的毒性更大。该菌含有毒肽和毒伞肽两大类毒素。中毒后潜伏期长达24小时。中毒死亡率高达50%以上,对此毒菌中毒,必须及时采取以解毒保肝为主的治疗措施。

图2.2　毒鹅膏菌

（8）蛤蟆菌（图2.3）　子实体较大。菌盖宽6～20 cm。边缘有明显的短条棱,表面鲜红色或橘红色,并有白色或稍带黄色的颗粒状鳞片。菌褶纯白色,密,离生,不等长。菌肉白色,靠近盖表皮处红色。菌柄较长,直立,纯白,长12～25 cm,粗1～2.5 cm,表面常有细小鳞片,基部膨大呈球形,并有数圈白色絮状颗粒组成的菌托。菌柄上部具有白色腊质菌环。夏秋季在林中地上成群生长。

图 2.3　蛤蟆菌

　　此蘑菇因其毒可以杀苍蝇而得名。其毒素有毒蝇碱、毒蝇母、基斯卡松以及豹斑毒伞素等。误食后 6 小时以内发病,产生剧烈恶心、呕吐、腹痛、腹泻及精神错乱,出汗、发冷、肌肉抽搐、脉搏减慢、呼吸困难或牙关紧闭,头晕眼花,神志不清等症状。使用阿托品疗效良好。此菌还产生甜菜碱,胆碱和腐胺等生物碱。

六、烟草

　　烟草的茎、叶中含有多种生物碱,已分离出的生物碱有 14 种之多,生物碱的含量为 $1\%\sim9\%$,其中主要有毒成分为烟碱,烟碱占生物碱总量的 93% ,尤以叶中含量最高。烟碱的毒性与氢氰酸相当,急性中毒时的死亡速度也几乎与之相同($5\sim30$ 分钟即可死亡)。

　　中国有超过 3 亿的烟民,多达半数的吸烟者最终将死于与烟草相关的疾病。据国家癌症中心统计,2014 年全国恶性肿瘤新发病例数为 380.4 万例,肺癌位于首位,每年新发病例数约 78.1 万,流行病学资料和大量动物实验证明吸烟是导致肺癌的主要危险因素。

　　烟草燃烧后产生的气体混合物称为烟草烟雾。烟草烟雾中含有多种有害物质,其中气体成分占 92% ,包括氧、氮和一氧化碳。粒相部分占 8% ,主要为尼古丁和烟焦油。吸烟过程中吸入的主要有毒物质为尼古丁、烟焦油、一氧化碳、氢氰酸、氨及芳香化合物等一系列有毒物质。

　　烟草里毒性最大的是尼古丁,还有多种已知的致癌物,包括钋、稠环芳香烃类、N-亚硝基胺类、芳香胺类、甲醛和 1,3-丁二烯等,这些致癌物被人体吸入后会引发基因突变,进而导致恶性肿瘤。烟草烟雾中的一氧化氮、硫化氢及氨等有害气体可对呼吸系统造成严重危害。烟草烟雾中还含有多种可导致心脑血管疾病的物质,如一氧化碳、自由基等。除此之外,研究人员还在烟草烟雾中发现了重金属及放射性物质。

　　尼古丁,俗名烟碱,是一种难闻、味苦、无色透明的油质液体,挥发性强,在空气中极易氧化成暗灰色,能迅速溶于水及酒精中,很容易通过口鼻支气管黏膜被机体吸收。尼古丁是一种存在于茄科植物(茄属)中的生物碱,也是烟草的重要成分,还是 N 胆碱受体激动药的代表,对 N1 和 N2 受体及中枢神经系统均有作用。

尼古丁进入人体只需要 7 秒即可到达脑部。尼古丁在人体内的半衰期约为 2 小时。一支香烟所含的尼古丁可毒死一只小白鼠,人的致死量是 50～70 mg,相当于 20～25 支香烟的尼古丁的含量。

尼古丁会刺激交感神经,通过刺激内脏神经影响副肾髓质,释放肾上腺素,副交感神经节前纤维释放乙酰胆碱,作用在烟碱酸乙酰胆碱受体上,使之释放肾上腺素至血液中。

尼古丁进入人体后,会促进四肢末梢血管收缩、心跳加快、血压上升、呼吸变快,并促进血小板凝集,是造成心脏血管阻塞、高血压、中风等心脏血管性疾病的主要帮凶。

尼古丁可与尼古丁乙酰胆碱受体结合,增加神经传递物的量,脑中的多巴胺增加,制造了大脑空虚感。尼古丁在体内无积累性,吸烟 2 小时后,尼古丁便通过呼吸和汗腺排出体外。但是,长期大量吸烟的人血液中会存在一定浓度的尼古丁,当其浓度降低时,人就产生了吸烟的欲望。尼古丁快速代谢所带来的空虚,给人造成吸烟可以给人自信,让人放松等虚假的幻觉,由此形成恶性循环——烟瘾。

尼古丁可增加心跳速度,升高血压并降低食欲。大剂量的尼古丁会引起呕吐以及恶心,严重时使人死亡。

烟焦油是指吸烟者使用的烟嘴内积存的一层棕色油腻物,俗称烟油。它是有机物在缺氧条件下不完全燃烧的产物,是众多烃类及烃的氧化物、硫化物及氮化物的混合物,其中包括苯并芘、镉、砷、胺、亚硝胺以及放射性同位素等多种致癌物质,以及苯酚类、富马酸等促癌物质。

烟焦油是致癌物,能诱发人体细胞突变,抑制人体免疫功能的发挥,烟焦油中的酚类化合物虽无致癌性,但具有明显的促癌作用。烟焦油中的物质能直接刺激气管、支气管黏膜,使其分泌物增多,纤毛运动受抑制,造成气管支气管炎症;烟焦油被吸入肺部后,产生酵素,使肺泡壁受损,失去弹性,膨胀、破裂,形成肺气肿;烟焦油黏附在咽、喉、气管、支气管黏膜表面,积存过多、时间过久可诱发细胞异常增生,导致癌症。

人体衰老是一个几十年的过程,这几十年中,血管逐步硬化、丧失弹性;这一过程是无法逆转的,吸烟者血液内含有一定的焦油成分,作用于血管壁,加速血管硬化,对于脑血管和心血管这些脆弱部分更加敏感,近些年来,心脑血管疾病是影响人们健康的第一杀手,与香烟有直接关系。

一氧化碳(carbon monoxide,CO)为无色、无臭、无刺激性的气体,在水中的溶解度甚低,但易溶于氨水。一氧化碳可与血液中的血红蛋白(hemoglobin,hb)、肌肉中的肌红蛋白、含二价铁的呼吸酶形成可逆的结合物。一氧化碳与血红蛋白的结合,不仅降低血球携带氧的能力,而且还抑制、延缓氧血红蛋白的解析与释放,导致机体组织因缺氧而坏死,严重者可危及生命。

氢氰酸可以抑制呼吸酶,造成细胞内窒息。氢氰酸中毒临床分为 4 期:前驱期出现黏膜刺激、呼吸加快加深、乏力、头痛;呼吸困难期出现呼吸困难、血压升高、皮肤黏膜呈鲜红色等;惊厥期出现抽搐、昏迷、呼吸衰竭;麻痹期全身肌肉松弛,呼吸心跳停止而死亡。短时间内吸入高浓度氰化氢气体可立即死亡。

长期吸食烟草不仅严重威胁吸烟者自身的健康,还会严重影响周围人的身体健康,在中国,很多人的死亡都与吸二手烟相关。所谓吸二手烟,是吸烟者呼出的烟气和烟草点燃时所散发的烟雾组成的混合物。如果说"一手烟"和"二手烟"都是看得见的杀手,那么"三手烟"则是"隐形杀手"。"三手烟"是附着在室内物体表面,如墙壁、家具和灰尘颗粒上的残留烟草烟雾,以及附着在污染的物体表面上重新释放出来的气体和悬浮颗粒,它包含重金属、致癌物,甚至辐射物质。"三手烟"可概括为吸附、重释、重新悬浮、化学反应。"三手烟"会在物体表面停留很长时间,甚至几个月都不会消失。它们会重新回到空气中,通过三个渠道危害人体:一是吸入肺部;二是与被污染的沙发、衣服和地毯等接触后从手到口进入人体;三是皮肤与物体接触和摩擦后被人体吸收。因此婴幼儿和儿童更易受到"三手烟"的危害。

七、其他植物

1. 皂荚

皂荚为中国植物图谱数据库收录的有毒植物,其豆荚、种子、叶及茎皮有毒。有毒成分是皂苷。皂苷具有溶血作用,它不被胃肠吸收,一般不发生吸收性中毒;但对胃肠有刺激作用,大量服用时可引起中枢神经系统紊乱,也可引起急性溶血性贫血。误食种子2~3 小时内感心窝部饱胀和灼热,恶心,呕吐,烦躁不安;10~12 小时后发生腹泻,大便水样且带泡沫,头晕,无力,四肢酸麻等症状。

解救方法:洗胃,导泻,静脉滴注葡萄糖盐水;必要时用阿托品或复方樟脑酊;烦躁者可给予镇静剂等对症治疗。

2. 桔梗

桔梗中的有毒成分为皂苷。桔梗皂苷具有强烈的黏膜刺激性,具有一般皂苷所具有的溶血作用,但口服溶血现象较少发生。中毒时口腔、舌、喉灼痛,肿胀,流涎,恶心呕吐,剧烈腹痛,腹泻。严重者可见痉挛、昏迷、呼吸困难等。

发生桔梗中毒时通过如下方法处理。

(1)以酸性溶液如1%鞣酸溶液漱口、洗胃,反复漱口、反复洗胃。

(2)口服吸附剂、沉淀剂、胃黏膜保护剂。且应在胃中留 1% 鞣酸溶液 50 mL,以中和毒素。

(3)输入葡萄糖生理盐水,加入维生素,促使排毒解毒,稀释血药浓度,纠正水电解质紊乱,维持酸碱平衡,防止脱水。

（4）用乌梅 30 g、黄芩 10 g、甘草 30 g、五倍子 10 g 水煎内服，或用黄柏 9 g、芦根 30 g、白茅根 30 g 水煎内服。

（5）腹痛剧烈，可肌内注射延胡索注射液 2 mL，每日 4 次，或口服颠茄合剂，或樟脑酊。

（6）抽搐时可口服水合氯醛每次 1.5 g，或灌肠，或用苯巴比妥钠 0.1 g 肌内注射，或静脉注射 10％葡萄糖酸钙 10 mL，或针刺合谷、人中、内关等穴位。

（7）呼吸困难可给氧，注射呼吸中枢兴奋剂，如可拉明、洛贝林、呼吸三联针等。

（8）有溶血出血现象的，可用凝血酸、抗血纤溶芳酸、维生素 K 等肌内或静脉注射。

3. 芦荟

芦荟含有多种生物活性成分，人们研究最多的是蒽醌类物质，主要存在于芦荟的表皮及皮下的黄色乳胶中，其中最典型的是芦荟素，是芦荟毒性的主要来源，芦荟全株含芦荟素约 25％，树脂约 12.6％，芦荟素中主要含芦荟苷及少量的异芦荟苷、β-芦荟苷。它们对肠黏膜有较强的刺激作用，可以刺激肠道排泄，可引起明显的腹痛、腹泻及盆腔充血，严重时造成肾脏受损。个别研究还发现它与孕妇流产有关。

4. 蓖麻子

蓖麻子是蓖麻的果实，为油料作物，俗称大麻子。蓖麻全株有毒，有毒成分为蓖麻毒素及蓖麻碱。蓖麻子毒素是一种细胞原浆毒，可损害肝、肾等实质脏器，并有凝集、溶解红细胞的作用，也可麻痹呼吸及血管运动中枢，能使胃肠血管中的红细胞淤血、变性等。蓖麻毒蛋白（蓖麻毒素的有毒成分之一）有损伤小肠及强烈的致热和致敏作用。蓖麻毒蛋白 7 mg、蓖麻碱 0.16 g 可使成人死亡；蓖麻毒素及蓖麻碱加热后可以被破坏而解毒。

蓖麻子中毒后，潜伏期为 1～3 天，多数在食后 3～24 小时开始发病。患者临床表现为咽喉刺激、灼热感、恶心、呕吐、腹痛及急性胃肠炎症状。便中可见蓖麻子外皮碎屑。严重者出现便血、发热、脱水和酸中毒，中枢神经系统症状有头痛、嗜睡、昏迷、抽搐等。肝肾受损害者出现黄疸、蛋白尿、血尿和尿闭等。中毒数日后可出现凝血、溶血现象。死亡可出现在中毒后 1 周左右，主要死因为呼吸抑制、心力衰竭或急性肾功能衰竭。

蓖麻子中毒后，可采用如下治疗措施。

（1）立即进行催吐、洗胃及导泻，必要时高位灌肠，使体内残留的毒素尽快排出。

（2）补液利尿，用血液灌流或血浆置换清除体内已吸收的毒素。

（3）短期用糖皮质激素治疗有助于减轻脏器损伤。

（4）保肝护肾，预防心力衰竭。出现肾功能衰竭时，行血液透析或连续性肾替代治疗；肝功严重异常时行人工肝治疗；呼吸衰竭时给予辅助通气。

（5）定期检查血色素、凝血功能，必要时补充血液成分及凝血因子。

（6）口服米汤、牛奶，保护胃黏膜，并注意保暖。

5. 荞麦花

荞麦苗富含芦丁，对人体血管有扩张及强化作用，对高血压和心血管疾病患者有良好的保健功能。荞麦花中含有两种多酚的致光敏有毒色素,即荞麦素和原荞麦素。当食用荞麦苗时,将混入的荞麦花食入,即可引起中毒,一般4～5天后面部有烧灼感,颜面潮红并出现豆粒大小的红色斑点,经日晒后加重。在阴凉处出现麻木感,尤以早晚为重。发麻的部位以口、唇、耳、鼻、手指等外露部位较明显。严重者颜面、小腿浮肿、皮肤破溃。病程持续2～3周。一般无死亡,轻者数日可自愈。

6. 白果

白果肉质外种皮、种仁以及绿色的胚中含有毒成分,主要是白果二酚、白果酚、白果酸等,尤以白果二酚的毒性较大。一般儿童中毒量为10～50粒白果。人的皮肤接触种皮或肉质外种皮后可引起皮炎、皮肤红肿,经皮肤吸收或食入白果的有毒部位后,毒素可进入小肠,经吸收,作用于中枢神经,有恶心、呕吐、腹痛、腹泻、食欲不振,烦躁不安、恐惧、惊厥、肢体强直、抽搐、四肢无力、瘫痪、呼吸困难等症状。严重者瞳孔散大、呼吸困难、青紫、呼吸衰竭、肺水肿、心力衰竭。

预防措施:白果的有毒成分易溶于水,加热后毒性减轻,所以食用前先浸泡后煮沸可大大提高食用白果的安全性。采集时避免与种皮接触,不生食白果,熟食也要控制数量,除去果肉中绿色的胚。如发现中毒症状,要及时到医院就诊。

急救措施:

(1) 立即催吐,用温开水洗胃,用硫酸镁或番泻叶导泻。

(2) 口服鸡蛋清或0.5%活性炭混悬液,可保护胃黏膜,减少对毒物的继续吸收。

(3) 保持室内安静,避免光线、声音刺激,酌情使用镇静剂。

(4) 多饮糖开水、茶水以促进利尿,加速毒物排出。

(5) 用甘草15～30 g煎服或频饮绿豆汤,可解白果中毒,严重者应尽快转送医院救治。为防止白果中毒,医生提醒:切忌过量食用或生食,婴儿勿食。

第二节　含天然有毒物质的动物性食物

一、鱼类

1. 河豚

河豚是味道鲜美但含有剧毒的鱼类。河豚中毒是世界上最严重的动物性食物中毒。河豚毒素主要有两种:河豚毒素和河豚酸。河豚的有毒部位主要是卵巢和肝脏,河豚毒素含量的多少因鱼的种类、部位及季节等而有差异,一般在卵巢孕育阶段,即春夏季毒性最强。

河豚毒素(tetrodotoxin,TTX)是氨基全氢喹唑啉型化合物,是小分子量、非蛋白质的神经性毒素,对热稳定,盐腌或日晒均不能使其破坏,只有在高温加热30分钟以上或在碱性条件下才能被分解。220℃加热20~60分钟可使毒素全部破坏。河豚毒素是自然界中所发现的毒性较大的神经毒素之一,其毒性比剧毒的氰化钠还要高,0.5 mg即可致死。TTX中毒潜伏期很短,短至10~30分钟,长至3~6小时发病,发病急,如果抢救不及时,中毒后最快的10分钟内死亡,最迟4~6小时死亡。

河豚毒素被机体吸收进入血液后,通过与钠离子通道受体结合,阻断电压依赖性钠通道,从而使神经末梢和神经中枢发生麻痹,继而使得各随意肌的运动神经麻痹;毒量增大时会毒及迷走神经,影响呼吸,造成脉搏迟缓;严重时体温和血压下降,最后导致血管运动神经和呼吸神经中枢麻痹而迅速死亡。

河豚毒素的结合位点位于钠离子通道内高度保守的成孔区域,该区域有与TTX高度亲和的芳香性氨基酸。如果该区域出现由芳香性氨基酸向非芳香性氨基酸的氨基酸置换,就会显著影响它与TTX结合的灵敏度。在对河豚毒素没有免疫力的生物体内,钠通道的α-亚基上存在河豚毒素的受体,河豚毒素与α-亚基门孔附近的氨基酸残基结合,阻止钠离子进入细胞内,引起河豚毒素中毒。

河豚毒素直接作用于胃肠道引起局部刺激,食后不久即有恶心、呕吐、腹痛或腹泻等。河豚毒素作用于神经末梢和神经中枢,阻碍神经传导,从而引起神经麻痹而致死亡。开始有口唇、舌尖、指端麻木,继而全身麻木、眼睑下垂、四肢无力、步态不稳、共济失调,肌肉软瘫和腱反射消失。呼吸困难、急促表浅而不规则发绀,血压下降,瞳孔先缩小后散大或两侧不对称,言语障碍,昏迷,最后死于呼吸、回流衰竭。河豚毒素对呼吸和心血管的抑制是对中枢和外周神经共同作用的结果。

河豚毒素对热稳定,于100℃处理24小时或120℃处理20~60分钟方可使毒素完全破坏。在烹调过程中河豚毒素很难除去。因此:加强河豚知识宣传,了解毒性,避免误食或处理不当而中毒;河豚毒素性质较稳定,应进行深埋或无害化处理,禁止出售;对于某些毒性较小的河豚品种应在专门单位由有经验的人进行加工处理之后制成罐头或干制品。

我国一些沿海地区曾发生因食用麦螺而发生的河豚中毒。因河豚产卵时需硬物磨破肚皮,这样,卵籽和毒液一起破口而出。而麦螺是一种海洋生物,可吸吞河豚毒液和软体卵籽。人们在食用麦螺时,也同时吃进了河豚毒素。因此,在河豚产卵繁殖季节不能吃麦螺。

急救措施:中毒早期应以催吐、洗胃和导泻为主。中毒者出现呼吸衰竭时,应进行人工呼吸,有条件的可给予吸氧。

2. 青皮红肉鱼

青皮红肉鱼类包括竹荚鱼、蓝圆、鲐鱼、扁舵鲣、长鳍金枪鱼、普通金枪鱼、秋刀鱼、鲭鱼、沙丁鱼、青鳞鱼、金线鱼等。这类鱼含有较高浓度的组氨酸,经脱羧酶作用强的细菌(如摩氏摩根菌)作用后,组氨酸脱羧基而产生组胺。当组胺积蓄到一定量时,食后便有中毒的危险。常见因食用不新鲜或腐败的青皮红肉鱼类而引起的中毒。皮不青肉不红的鱼类(比目鱼、竹麦鱼等)不产生组胺。皮青肉白的鱼类(鲈鱼、鲦鱼、鲑鱼等)只能产约0.2 mg/g 的组胺。

一般引起人体中毒的组胺摄入量为 1.5 mg/kg 体重。中毒发病快、潜伏期一般为0.5～1 小时,长者可至 4 小时。主要表现为脸红、头晕、头痛、心跳、脉快、胸闷和呼吸急促等。部分患者有眼结膜充血、瞳孔散大、脸发胀、唇水肿、口舌及四肢发麻、荨麻疹、全身潮红、血压下降等症状。但多数人症状较轻,容易恢复,死亡者较少。

防治措施:高组胺的形成是微生物的作用,而且腐败鱼类产生腐败胺类,通过它们与组胺协同作用,可使毒性大为增强。所以,最有效的防治措施是防止鱼类腐败。

二、贝类

贝类毒素是由海洋中的有毒藻类通过食物链传递给藻食性的贝类以及鱼、虾等生物,并在其体内蓄积形成的有毒高分子化合物。贝类毒素包括麻痹性贝类毒素(PSP)、腹泻性贝类毒素(DSP)、神经性贝类毒素(NSP)和健忘性贝类毒素(ASP)。贝类毒素危害具有突发性和广泛性,由于其毒性大,反应快,无适宜解毒剂,给防治带来了许多困难。

1. 麻痹性贝类毒素

麻痹性贝类毒素因人食用了含这种毒素的贝类后会引起以外周神经肌肉系统麻痹为初始症状而得名。甲藻类中的亚历山大藻、膝沟藻属、原甲藻属等一些赤潮生物是PSP 的直接生产者。

麻痹性贝类毒素的毒理主要是通过对细胞钠通道的阻断,造成神经系统传输障碍而产生麻痹作用。麻痹性贝类毒素是毒性很强的毒素,由甲藻产生的 20 多种结构不同的毒素组成,这些毒素溶于水且对酸稳定,在碱性条件下易分解失活;对热也稳定,一般加热不会使其毒性失效。PSP 是一类剧毒的含氯杂环有机化合物,根据基团的相似性,可分为三类:氨甲酰基类毒素、氨甲酰基(N)磺基类毒素、去氨甲酰基类毒素。氨甲酰基类毒素如石房蛤毒素、新石房蛤毒素和膝沟藻毒素。

2. 腹泻性贝类毒素

腹泻性贝类毒素是从紫贻贝的肝胰腺中分离出来的一种脂溶性毒素,因被人食用后产生以腹泻为特征的中毒效应而得名。腹泻性贝类毒素主要来自于鳍藻属,原甲藻属等藻类,在世界许多海域都可生长。

腹泻性贝类毒素由三种不同的聚醚化合物组成:软海绵酸及衍生物鳍藻毒素-1 与鳍藻毒素-3、扇贝毒素(大环内酯化合物栉膜毒素)、硫化物毒素。其中软海绵酸主要作用于小肠,可导致腹泻,同时它也是很强的肿瘤促进剂。栉膜毒素是一种肝脏毒素,当对小鼠进行腹膜内注射时会导致肝脏坏死。硫化物毒素会对心肌造成损伤。

3. 神经性贝类毒素

神经性贝类毒素因人类一旦食用这些染毒贝类会引起气喘、咳嗽、呼吸困难及以麻痹为主要特征的食物中毒而得名。神经性贝类毒素主要来自短裸甲藻、剧毒冈比甲藻等藻类。

神经性贝类毒素属于高度脂溶性毒素,结构为多环聚醚化合物,主要为短裸甲藻毒素。从短裸甲藻细胞提取液中分离出 13 种神经性贝类毒素成分,其中 11 种成分的化学结构已确定。

神经性贝类毒素的毒理与麻痹性毒素相似,作用于钠通道,作用位点与石房蛤毒素不同,引起钠通道维持开放状态,从而引起钠离子内流,造成神经细胞膜去极化。

4. 健忘性贝类毒素

健忘性贝类毒素是一种强烈的神经毒性物质,因可导致记忆功能的长久性损害而得名。健忘性贝类毒素主要来自于软骨藻酸,软骨藻酸是一种强烈的神经毒性物质,是与红藻酸(2-羧甲基-3-异丙烯基脯氨酸)相关的兴奋性氨基酸类物质。软骨藻酸是谷氨酸盐的拮抗物,可作用于中枢神经系统红藻酸受体,导致去极化、钙的内流以及最终导致细胞的死亡。而且软骨藻酸与其他兴奋性氨基酸如谷氨酸的协同作用可使其毒性更强。

贝类一旦染上毒素,将毒素排出需要很长的一段时间,有些贝类甚至需要 3 年以上的时间才能排出毒素。贝类染毒与排毒的速度因种群和季节的不同而存在差异。实验表明,低温可明显抑制毒素的排出,然而温度究竟是如何影响毒素的排出,至今尚未明了。

麻痹性贝类毒素是贝类毒素中毒性最强的一种,其危害也最大。麻痹性贝类毒素排出最好的方法是将贝类转移到清洁水体中使其自净。但其效果的好坏与贝类的种类有关,有些贝类在清洁的水体中相当长的时间后仍有较高的毒性,还有一些贝类在转移后毒性水平反而上升,而且转移大量的贝类是一件极为费时费力的工作。实验表明通过垂直移动水体中的贻贝能达到减轻麻痹性贝类毒素的效果,但在毒性水平较高时,这种垂直移动的方法受到抑制。

其他一些物理、化学的排毒方法也有人研究过,包括温度刺激、盐度胁迫、电击处理、降低 pH 值、含氯消毒剂处理以及臭氧处理等。东南亚联盟包括马来西亚、新加坡、泰国、菲律宾和印尼贝类净化系统主要采用紫外线系统。西班牙是欧盟中消费贝类最多的国家,主要采用含氯消毒剂处理。法国用臭氧法作为贝类净化的主要手段。

烹饪法也被认为是消除麻痹性贝类毒素的好方法之一,也是最后一道防线。煮、蒸、炸可在短时间内使毒素在高温下因贝类失水而渗出。

值得推荐的烹饪法是油炸法,因为油炸法具有以下优点:温度更高、排毒更有效,并能避免更多的毒素流入汤中。烹饪法可以降低毒素水平,但并不能消除中毒的危险性。只有当初始贝类毒素的水平较低时,烹饪法才可能将毒素降到安全水平。

第三章　食品生物性污染及其控制

生物性污染指微生物、寄生虫和昆虫等对食品的污染,其中由食品腐败变质引起的食物中毒和食源性疾病的发生是影响食品安全的重要因素。食品在生产、加工、储存、运输、销售的各个环节都可能受到生物污染,危害人体健康。

第一节　食品腐败变质的原因

食品的腐败变质,一般是指食品在一定的环境因素影响下,由微生物为主的多种因素作用下所发生的食品失去或降低食用价值的一切变化,包括食品成分和感官性质的各种变化。如鱼肉的腐臭、油脂的酸败、水果蔬菜的腐烂和粮食的霉变等。

微生物无处不在,空气、水、土壤和人体表面都有微生物,食品及其原料含有多种多样的微生物,在储藏和加工过程中会生长繁殖而引起食品的腐败变质。

食品的腐败变质是食品卫生和安全中经常且普遍遇到的问题,因此我们必须掌握食品腐败变质的规律,以采取有效的控制措施。

一、影响食品腐败变质的因素

食品的腐败变质与食品本身的性质、微生物的种类和数量以及当时所处的环境因素都有着密切的关系,它们综合作用的结果决定了食品是否发生变质以及变质的程度。

1. 微生物

在食品的腐败变质过程中,微生物起着决定性的作用。能引起食品发生变质的微生物主要有细菌、酵母和霉菌。细菌一般生长于潮湿的环境中,具有分解蛋白质的能力,从而使食品腐败变质。酵母一般喜欢生活在含糖量较高或含一定盐分的食品中,大多数酵母具有利用有机酸的能力,但是分解利用蛋白质、脂肪的能力很弱,只有少数例外,但不能利用淀粉。因此,酵母可使糖浆、蜂蜜和蜜饯等食品腐败变质。霉菌生长所需要的水分活性比细菌低,因此水分活性较低的食品,霉菌比细菌更易引起食品的腐败变质。

2. 环境因素

微生物在适宜的环境(如温度、湿度、阳光和水分等)条件下,会迅速生长繁殖,使食品发生腐败变质。空气中的氧气可促进好氧型腐败菌的生长繁殖,从而加速食品的腐败变质。温度 25~40 ℃、相对湿度超过 70% 是大多数嗜温微生物生长繁殖最适宜的条件。紫外线、氧可促进油脂氧化和酸败。

3. 食品自身因素

动植物食品都含有蛋白质、脂肪、糖类、维生素和矿物质等营养成分,还含有一定的水分,具有一定的酸性,含有分解各种成分的酶,分解这些营养物质,这些都是微生物在食品中生长繁殖并引起食品成分分解的先决条件。

二、食品腐败变质的表现

1. 变黏

食品变黏主要是由细菌生长代谢形成的多糖所致,常发生在以糖类为主的食品中。

2. 变酸

食品变酸常发生在糖类为主的食品和乳制品中,食品变酸主要是由腐败微生物生长代谢产酸所致。

3. 变臭

食品变臭主要是由细菌分解蛋白质为主的食品产生有机胺、氨气、三甲胺、甲硫醇和粪臭素等所致。

4. 发霉和变色

造成食品出现霉变的根本原因是微生物的繁殖。微生物在养分、水分及氧气充足的环境中生长、繁殖能力很强,而食品自身含有的脂肪、蛋白质等成分为微生物的繁殖提供了良好的营养条件。当处于氧气和水分适宜的环境中时,微生物就会在食品中大量繁殖,释放出二氧化碳气体,导致食品发霉和变色。

5. 变浊

食品变浊主要是液体食品发生一种复杂的变质现象,可发生于各类食品中。如:茶叶中的有效成分咖啡碱与儿茶多酚类化合物结合可出现混浊、沉淀;茶叶中丰富的营养成分很容易被细菌侵入,分解有机物而形成沉淀;蛋白质、淀粉、果胶等高分子物质慢慢结合形成颗粒,出现沉淀。

6. 变软

食品变软主要原因是水果蔬菜及其制品的果胶质等物质被微生物分解。

三、食品腐败变质的危害

食品腐败变质对人体健康的影响主要表现在以下三个方面。

1. 食品变质产生的厌恶感

微生物在生长繁殖过程中使食品中各种成分发生变化,改变了食品原有的感官性状,使人对其产生厌恶感。

2. 食品的营养价值降低

由于食品中蛋白质、脂肪、糖类腐败变质后结构发生变化,因而丧失了原有的营养价值。

3. 食品变质引起的人体中毒或潜在危害

食品腐败变质产生的有毒物质多种多样,对人体造成慢性食物中毒,表现为致癌、致畸、致突变作用。

四、防止食品腐败变质的措施

1. 低温保藏

低温降低酶的活性和食品内化学反应的速率,抑制微生物的生长繁殖,有利于保证食品质量。使用-32 ℃或更低温度的快速冷冻方法,由于形成较小的冰晶体,不会破坏食品的细胞结构,被认为是最为理想的食品保藏方法。

2. 加热杀菌

加热可以杀灭微生物,破坏食品中的酶类,可以有效防止食品的腐败变质,延长保质期。大部分微生物营养细胞在60 ℃停留30分钟便死亡。

3. 物理保藏

(1)通过物理方法去除食品中水分,使其降至一定限度以下,使微生物不能生长,酶的活性也受到限制,从而防止食品的腐败变质。

(2)用增加渗透压的方法(盐腌或糖蜜)使微生物在高渗环境下细胞发生质壁分离,代谢停止,抑制微生物生长,防止食品腐败。

(3)利用辐照杀死食品中的细菌、霉菌、酵母菌、昆虫以及它们的卵及幼虫,消除危害人类健康的食源性疾病,延长食品的货架期。具体地讲,可将钴(^{60}Co)、铯(^{137}Cs)等放射性同位素放出的γ射线直接辐射食品,用于食品灭菌、杀虫、抑制发芽等,以延长食品的保藏期,改进食品品质,促进成熟等。安装紫外灯,利用紫外线可减少一些食品的表面污染,肉类加工厂冷藏室常用此方法延长食品储藏期。

4. 化学保藏

①在食品中加入某些化学物质,抑制微生物生长,防止食品腐败。如:山梨酸和丙酸加入面包中用来抑制霉菌生长;腌肉时加入硝酸盐和亚硝酸盐,除发色作用外,对某些厌氧细菌也有抑制作用。

②另外还可用化学方法使食品的 pH 值降至 4.5 以下,这时除少数酵母菌、霉菌和乳酸菌属细菌等耐酸菌外,大部分致病菌可被抑制或杀死,可用来保存蔬菜。

第二节　细菌性食物中毒

细菌性食物中毒是指因食入含有细菌或细菌毒素的食品引起的急性或亚急性疾病。细菌性食物中毒在食物中毒中最为多见。

一、细菌性食物中毒类型

按中毒机理细菌性食物中毒分为三类。

1. 感染型

由摄取含有大量病原活菌的食物引起,病原菌在消化道内生长繁殖,并可通过消化道造成全身感染。其症状多样,常见的是胃肠道症状,例如腹部疼痛、恶心、呕吐、腹泻等。有的具有全身症状,例如头痛、发热、意识模糊、全身酸痛等,严重的有昏迷。沙门氏菌、粪链球菌、单核细胞增生李斯特菌、小肠结肠炎耶尔森氏菌为感染型细菌。

2. 毒素型

人体摄入含有微生物毒素的食品后由于毒素的作用而引起的中毒,根据毒素作用的组织器官不同而产生多种症状。肉毒梭菌、金黄色葡萄球菌为毒素型细菌。

(1)肠道型　由肠毒素引起,主要是胃肠道疾病症状,例如腹部疼痛、恶心、呕吐、腹泻等,严重的使大便呈水样,且大便大量出血,严重脱水,甚至引发血性尿毒症、肾衰竭等并发症。

(2)神经型　例如,肉毒素经肠道吸收后进入血液,然后作用于人体的中枢神经系统,导致肌肉收缩和神经功能的不全或丧失。症状为头痛、头晕、然后出现视物模糊、张目困难等症状,还有的声音嘶哑,语言障碍,吞咽困难等,严重的可引起呼吸和心脏功能衰竭而死亡。

3. 混合型

摄入大量菌体,并伴随着毒素的作用,既有感染型又有神经型的症状。例如大肠埃希菌、副溶血性弧菌、变形杆菌、蜡状芽胞杆菌、魏氏杆菌。

二、细菌性食物中毒的预防

细菌性食物中毒多发生在餐饮业和熟食制品,其预防措施一是防止细菌污染,二是防止细菌在食品中大量繁殖,产生毒素。

（1）**防止食品加工过程中污染** 加强食品生产、销售环节的卫生管理,防止细菌对食品的污染。

（2）**防止原料污染** 在食品加工过程中,应使用新鲜的原料,避免泥土污染。

（3）**防止交叉感染** 加工后的食品应严格执行生、熟食分开制度。严禁家畜、家禽进入厨房和食品加工车间,避免再次污染。

（4）**防止带菌人群对食品的污染** 定期对食品生产人员、饮食从业人员及保育员等有关人员进行健康检查,患有化脓性感染的人不适于任何与食品有关的工作。

（5）**防止毒素的形成** 食品、半成品在低温、通风良好的条件下储藏,在气温较高季节,各种熟食放置时间不得超过 6 小时,食用前还必须彻底加热。

第三节 霉菌对食品的污染及其预防

自然界中的霉菌分布非常广泛,对各类食品污染的机会很多,所有食品都可能有霉菌生存。油料作物的种子、水果、干果、肉类制品、乳制品、发酵食品等均发现过霉菌毒素。

霉菌及霉菌毒素污染食品后,引起的危害主要有两个方面。

一是霉菌引起的食品变质,降低食品的食用价值,甚至不能食用。每年全世界至少有 2% 的粮食因为霉变而不能食用。

二是霉菌如在食品或饲料中产毒可引起人畜霉菌毒素中毒。霉菌毒素引起的中毒是影响食品安全的重要因素。

霉菌毒素的中毒是指霉菌毒素引起的对人体健康的损害。目前已知的霉菌毒素有200 多种,与食品卫生关系密切的有黄曲霉毒素、赭曲霉毒素、杂色曲霉毒素、烟曲霉震颤素、单端孢霉烯化合物、玉米赤霉烯酮、伏马菌素以及展青霉素、橘青霉素、黄绿青霉素等。其中最为重要的是黄曲霉毒素和镰刀菌毒素。

一、黄曲霉毒素

1. 性质

黄曲霉毒素是一类结构类似的化合物,目前已经分离鉴定出 20 多种,主要为 AFB 和 AFT 两大类。

黄曲霉产毒的必要条件为湿度 80%～90%,温度 25～30 ℃,氧气 1%。此外,天然基质培养基(玉米、大米和花生粉)比人工合成培养基产毒量高。

温暖潮湿地区黄曲霉毒素污染较为严重,主要污染的粮食作物为花生、花生油和玉米,大米、小麦、面粉污染较轻,豆类很少受到污染。

2. 毒性

黄曲霉毒素有很强的急性毒性,也有明显的慢性毒性和致癌性。

(1)急性毒性 黄曲霉毒素为一剧毒物,其毒性为氰化钾的 10 倍。一次大量口服后,可出现急性毒性症状,表现为肝实质细胞坏死、胆管上皮增生、肝脏脂肪浸润、脂质消失延迟、肝脏出血等。

(2)慢性毒性 长期小剂量摄入 AFT 造成的慢性损害比急性中毒更为重要。其主要表现是动物生长障碍,肝脏出现亚急性或慢性损伤。食物利用率下降、体重减轻、生长发育迟缓、雌性不育或产仔少。黄曲霉毒素刺激家禽胃肠道前段的腺胃和肌胃发生炎症,影响机体造血功能,引起机体免疫损伤,降低体液和细胞免疫力。另外,黄曲霉毒素毒性还可通过母体传递到子体,影响子体胚胎期免疫系统发育,致使子体免疫机能受损。

(3)致癌、致突变和致畸性 黄曲霉毒素是目前发现的化学致癌物中致癌性最强的物质之一,能诱发灵长类、禽类、鱼类等动物肝癌,主要表现为肝出血、坏死、胆管增生和肝硬化。流行病学研究发现,凡食物中黄曲霉毒素污染严重和黄曲霉毒素摄入量高的地区,原发性肝癌发病率高。

黄曲霉毒素 AFB 可引起动植物细胞的染色体畸变,增加细胞姐妹染色单体互换(SCE),增加基因的不稳定性。黄曲霉毒素的细胞毒害作用是先干扰 DNA 与 mRNA 的合成,进而再干扰蛋白质的合成,最终导致机体全身性损害,其分子中双呋喃环结构是产生毒性的重要结构。黄曲霉毒素 AFB 能与 tRNA 结合形成络合物,AFB-tRNA 络合物能抑制 tRNA 与某些氨基酸结合,对蛋白质生物合成中的必需氨基酸与 tRNA 的结合都有不同程度的抑制作用,从而在翻译水平上干扰蛋白质的合成,影响细胞代谢。胰蛋白酶、凝血酶、弹性蛋白酶等是细胞内结构和功能相关的丝氨酸蛋白酶,直接和间接调控一些细胞活动。血栓和癌症的形成,主要取决于这些酶和它们调节分子间的平衡,外界分子引起这些酶的错误调控就是这些病变发生的原因。AFB 与这些酶的可逆结合,对黄曲霉毒素中毒有重要的意义,微量 AFB 对丝氨酸蛋白酶的活性表现为一种温和性的竞争抑制剂。

黄曲霉毒素经体内代谢活化才表现出剧毒性,首先由肝微粒体细胞色素 P450 氧化酶催化,形成一种具有高反应活性、亲电性的环氧化物。该环氧化物与尿苷二磷酸-葡萄糖醛酸基转移酶、磺基转移酶及谷胱甘肽-s-转移酶结合,形成生物大分子络合物,从而可被环氧化物水化酶水解而被解毒;该环氧化物与蛋白质(包括酶)、类脂的络合可引起细胞的死亡而表现为急性毒性;该环氧化物与 DNA 发生共价结合,形成的结合物一旦逃避自身修复,就可能导致某些特异位点发生基因突变,致肿瘤发生的一个关键因素。

二、镰刀菌毒素

镰刀菌毒素种类较多,与食品有关的主要有单端孢霉烯族化合物、玉米赤霉烯酮、丁烯酸内酯、伏马菌素等毒素。

1. 单端孢霉烯族化合物

单端孢霉烯族毒素,主要由镰孢菌、头孢霉、漆斑菌、葡萄穗霉、木霉和其他一些霉菌产生的化学结构和生物活性相似的有毒代谢产物,在自然界中广泛存在,误食后易导致严重疾病甚至死亡。主要污染大麦、小麦、燕麦、玉米等谷物。

单端孢霉烯族毒素为无色结晶,非常稳定,难溶于水,在烹调等加热过程中不会被破坏。

单端孢霉烯的基本化学结构是倍半萜烯,因其在第 12 位碳、第 13 位碳上形成环氧基,故又称 12,13-环氧单端孢霉烯族化合物。由于在 C_3、C_4、C_7、C_8、C_{15} 位上取代基的不同,而形成不同的化合物,这些取代基可以是氢原子、羟基或酯基,酯基通常为乙酸酯,也有丁烯酯或异戊酸酯。这类化合物主要分为四类。

第一类的代表化合物为 T-2 毒素和二乙酰氧基蔗草镰刀菌烯醇,这类化合物中的酯基水解后生成具有 1-5 羟基的单端孢霉烯族化合物的母体,为 A 型。这类化合物最多,有 20 多个,其中大多数为多种镰刀菌的代谢产物。包括 T-2 毒素、HT-2 毒素、镰孢菌酸和双乙酸基蔗草烯醇。

第二类化合物以 C_8 位上含羰基取代为其特征,为 B 型。这类化合物几乎都是镰刀菌代谢物,包括脱氧瓜萎镰孢菌烯醇及其 3-乙酰基衍生物或 15-乙酰基衍生物、雪腐镰孢菌烯醇和镰孢菌烯酮-X。

第三类化合物在 C_7 和 C_8 位上含有第三个环氧基,为 C 型。这类化合物由单端孢霉菌产生,仅有为数甚少的几个化合物。

第四类是大环疣孢漆斑菌属二乳酮衍生物,为 D 型。这类化合物已知的大约有 12 种,这些代谢物均从漆斑菌,疣孢漆斑菌,黑葡萄穗霉等中分离得到。

单端孢霉烯族毒素的靶器官是肝脏和肾脏,且大都属于组织刺激因子和致炎物质,因而可直接损伤消化道黏膜。畜和禽中毒后的临床症状一般表现为食欲减退或废绝、胃肠炎症和出血、呕吐、腹泻、坏死性皮炎、运动失调、血凝不良、贫血和白细胞数量减少、免疫机能降低和致畸、流产等。该类毒素能明显影响食欲,故临床上很少见到急性中毒现象。

为保护消费者的身体健康,国家标准 GB 2761—2011 食品中真菌毒素限量规定:小麦、小麦面粉、玉米和玉米粉等谷物及其制品中脱氧雪腐镰刀菌烯醇含量不得高于 1000 $\mu g/kg$。

2. 玉米赤霉烯酮

玉米赤霉烯酮是玉米赤霉菌的代谢产物,是一类结构相似、具有二羟基苯酸内酯类化合物,不溶于水、二硫化碳和四氯化碳,溶于碱性水溶液、乙醚、苯、氯仿、二氯甲烷、乙酸乙酯和酸类,微溶于石油醚。由于玉米赤霉烯酮是一种内酯的结构,因此在碱性条件下可以将酯键打开,当碱的浓度下降时可将酯键恢复。

玉米赤霉烯酮首先从有赤霉病的玉米中分离得到。玉米赤霉烯酮产毒菌主要是镰刀菌属的菌株,如禾谷镰刀菌和三线镰刀菌、黄色镰孢、木贼镰孢、半裸镰孢、茄病镰孢等菌种。镰孢菌属种在玉米繁殖一般需要 22%～25% 的湿度。

玉米赤霉烯酮主要污染玉米、小麦、大米、大麦、小米和燕麦等谷物。其中玉米的阳性检出率为 45%,最高含毒量可达到 2909 mg/kg;小麦的检出率为 20%,含毒量为 0.364～11.05 mg/kg。玉米赤霉烯酮的耐热性较强,110 ℃下处理 1 小时才被完全破坏。

食用含赤霉病麦面粉制作的各种面食也可引起中枢神经系统的中毒症状,如恶心、发冷、头痛、神智抑郁和共济失调等。

玉米赤霉烯酮具有雌激素的作用,其强度为雌激素的十分之一,玉米赤霉烯酮作用的靶器官主要是雌性动物的生殖系统,同时对雄性动物也有一定的影响。可造成家禽和家畜的雌激素水平提高,引起动物繁殖机能异常。妊娠期的动物(包括人)食用含玉米赤霉烯酮的食物可引起流产、死胎和畸胎。玉米赤霉烯酮急性中毒时,会造成神经系统的亢奋,对心脏、肾脏、肝和肺都有一定的毒害作用。动物表现为兴奋不安,走路蹒跚,全身肌肉震颤,突然倒地死亡。同时还可发现黏膜发绀,动物呆立,粪便稀如水样,恶臭,呈灰褐色,并混有肠黏液。频频排尿,呈淡黄色。同时还表现为外生殖器肿胀,精神萎顿,食欲减退,腹痛腹泻的特征。在剖检时还能发现淋巴结水肿,胃肠黏膜充血、水肿,肝轻度肿胀,质地较硬,色淡黄。

玉米赤霉烯酮慢性中毒时,主要对母畜的毒害较大。它会导致母畜外生殖器肿大。充血,死胎和延期流产的现象大面积产生,并且伴有木乃伊胎的现象。50% 的母畜患卵巢囊肿,频发情和假发情的情况增多,育成母畜乳房肿大,自行泌乳,并诱发乳房炎,受胎率下降。同时对公畜也会造成包皮积液、食欲不振、掉膘严重和生长不良的情况。

目前,对动物玉米赤霉烯酮中毒尚无特效药治疗,生产中应立即停止饲喂可疑饲料,并对饲料加以检测,确定饲料中是否含有玉米赤霉烯酮。

对于急性中毒的动物,可采取静脉放血和补液强心的方法。具体的疗法是使用 Na_2SO_4 300～500 g 配成的 10% 浓度一次内服,并根据动物的种类和大小不同从静脉放血 200～1000 mL。同时,用 5% 葡萄糖 500～1000 mL,40% 乌洛托品 60 mL,三磷酸酚酥 11 万单位静脉补液。

对于慢性中毒的动物首先要将霉变的饲料停喂,然后灌服绿豆苦参煎剂,静脉注射葡萄糖和樟脑磺酸钠,同时再肌内注射维生素 A、D、E,以及黄体酮。对外阴部的治疗可用 0.1% 高锰酸钾洗涤。一般慢性中毒动物在治疗 3～12 个月后各项生理指标趋于正常,但在治疗过程中使用雄性激素和保胎素效果不明显。

玉米赤霉烯酮在体内有一定的残留和蓄积,一般毒素代谢出体外的时间为半年,造成的损失大、时间长。所以,做好防毒措施十分必要。

第一,控制饲料的质量。一般玉米赤霉烯酮中毒的直接原因是饲料霉变,特别是含有由赤霉污染的玉米、小麦、大豆等。所以在使用这些原料为主的饲料时就应当注意检测,一旦发现中毒就不应再使用。

第二,注意饲料的储藏。在南方的一些地区,高温多雨的气候为霉菌的繁殖提供了良好的环境条件,因此,储藏不当会引起赤霉污染现象发生。对于这些饲料,应储存在干燥通风的环境下,并采取一些人为的方法防止赤霉的污染。

第三,对于已发霉的饲料一般不再使用,如果实际条件还需要使用,可将饲料放入10%石灰水中浸泡一昼夜,再用清水反复清洗,用开水冲调后饲喂。同时应注意用量不应该超过40%。

第四,动物日粮中不添加玉米赤霉烯酮及其衍生物。目前有人认为,在动物体内添加玉米赤霉烯酸可以促进家畜的生长。还有报道,山羊服用玉米赤霉烯酮能促进生长。但从玉米赤霉烯酮的性质来看,它具有残留性和不易被破坏性,而且对人也有毒害作用。如果长期在动物体内添加,玉米赤霉烯酮会不断地在动物体内积蓄,并沉积在动物体内。如果人食用了这种品质的畜产品,会导致一些疾病发生。因此,建议在动物日粮中不要添加玉米赤霉烯酮及其衍生物。

第五,制定标准。加强饲料中玉米赤霉烯酮检测方法的研究和制定,使玉米赤霉烯酮中毒事件的处理有法可依。

3. 伏马菌素(FB)

1) 伏马菌素的化学结构及主要产毒菌种

伏马菌素是由串珠镰刀菌产生的一类多氢醇和丙三羧酸的双酯化合物,包括一个由20个碳组成的脂肪链及通过二个酯键连接的亲水性侧链。目前为止,已经鉴定的伏马菌素类似物有28种,它们被分为4组,即A、B、C和P组。B组伏马菌素在野生型菌株中产量最高,其中伏马菌素B1(FB1)占总量的70%,是伏马菌素毒性作用的主要成分。

在自然界中产生伏马菌素的真菌主要是串珠镰刀菌,其次是再育镰刀菌,两者广泛存在于各种粮食及其制品中。

2) 伏马菌素毒性作用的机理

伏马菌素的毒性机理与伏马菌素对神经鞘脂类生物合成的破坏作用有关。神经鞘脂类是真核细胞细胞膜的重要构成成分,在细胞的附着、分化、生长和程序化死亡中发挥关键作用。由于伏马菌素在结构上与神经鞘氨醇(SO)和二氢神经鞘氨醇(SA)极为相似,伏马菌素主要通过竞争的方式对神经鞘氨醇N-2酰基转移酶产生抑制作用,破坏鞘脂类代谢,造成神经鞘氨醇生物合成被抑制,导致复合鞘脂减少和游离二氢神经鞘氨醇增加,从而阻碍复合鞘脂作为第二信使介导的信号传递途径。

伏马菌素可破坏大鼠肝脏的鞘脂类代谢,导致DNA合成紊乱,刺激细胞增殖,导致

41

细胞失控。还可能导致一些细胞死亡,一些细胞停止生长,以及一些细胞生长加快。若一些细胞逃脱细胞生长周期的控制就会增加基因的不稳定性,从而诱发癌症。

3)伏马菌素的毒性作用

(1)神经毒性 伏马菌素可引起马脑白质软化症(equine leucoencephalomalacia,ELEM),本病对马属动物具有高度致死性,给马每日静脉注射 0.125 mg/kg 伏马菌素 B1,第 8 天出现明显的神经中毒症状,精神紧张、淡漠、偏向一侧的蹒跚、震颤、共济失调、行动迟缓、下唇和舌轻度瘫痪,不能饮食,第 10 天出现强直性痉挛。病理解剖发现脑部重度水肿,延髓质有早发的、两侧对称的斑点样坏死,脑白质软化改变。

(2)肺毒性 伏马菌素具有肺毒性,猪摄入含有伏马菌素的饲料后,可引起猪肺水肿综合征(pig pulmonary edema,PPE),最典型的病变为胸膜腔积水和肺水肿,并伴有胰脏和肝脏损伤。FB1 对猪亚急性毒性表现为肝结节性增生和远侧食道黏膜增生斑,同时还可观察到胰腺的病理改变,腺细胞中分泌粒减少,细胞核变形,核仁变大,染色质不规则浓缩。

(3)免疫系统的毒性 伏马菌素能够引起免疫功能降低,伏马菌素 B1(10～100 μg/kg)可引起巨噬细胞形态发生改变,萎缩;同时还可显著降低细胞活性及功能,导致免疫应答降低。伏马菌素可引起小鸡巨噬细胞数量减少。

(4)致癌性 长期摄入高水平伏马菌素(50 mg/kg 以上)可诱发啮齿类动物癌症,引起大鼠肾脏损伤,肾小管腺肿、细胞增生和细胞程序性死亡,诱发肾癌。此外,伏马菌素可能诱发人体食道癌。对南非食管癌高发地区进行流行病调查时发现,食管癌高发区的伏马菌素水平是低发区的 2 倍多。1993 年,在法国里昂,国际癌症研究中心(IARC)将伏马菌素列为 2B 类致癌物质(即人类可能致癌物)。

(5)其他毒性作用 伏马菌素具有胚胎毒性。给鸡胚注射 72 μg/kg 的伏马菌素 B1,鸡胚重量显著下降,皮下出血。

三、霉菌性食物中毒的预防与控制

在自然界中食物要完全避免霉菌污染是比较困难的,但要保证食品安全,就必须将食物中霉菌毒素的含量控制在允许范围内,主要做法是从以下两个方面入手:一方面需要减少谷物、饲料在田野、收获前后、储藏运输和加工过程中霉菌的污染和毒素的产生;另一方面需要在食用前和食用时去除毒素或不吃霉烂变质的谷物和毒素含量超过标准的食物。目前国内外采取的预防和去除霉菌毒素污染的重要措施如下。

(1)利用合理耕作、灌溉和施肥、适时收获来降低霉菌的侵染和毒素的产生。

(2)采取减少粮食及饲料的水分含量,降低储藏温度和改进储藏、加工方式等措施来减少霉菌毒素的污染。

(3)通过抗性育种,培养抗霉菌的作物品种。

（4）加强污染的检测和检验，严格执行食品卫生标准，禁止出售和进口霉菌毒素含量超过标准的粮食和饲料。

（5）利用碱炼法、活性白陶土和凹凸棒黏土或高龄土吸附法、紫外线照射法、山苍子油熏蒸法和五香酚混合蒸煮法等化学、物理学方法去毒。

以上方法用于去除花生等食品中的黄曲霉毒素是十分有效的。为了最大限度地抑制霉菌毒素对人类健康和安全的威胁，中国制定了食品及食品加工制品中黄曲霉毒素的允许残留量标准，规定大米、食用油中黄曲霉毒素允许量标准为 10 μg/kg，其他粮食、豆类及发酵食品为 5 μg/kg；婴儿代乳食品不得检出。

第四章　重金属与食品安全

　　对人体有害的重金属主要有汞、镉、砷、铅、铬。土壤、空气和水中的重金属由作物吸收直接蓄积在作物体内,可通过食物链在生物中富集,如鱼吃草或大鱼吃小鱼。环境中的重金属通过各种渠道都可对食物造成污染,进入人体后可在人体中蓄积,引起人体的急性或慢性毒害。

　　不同的重金属污染所造成的危害不同,下面简要介绍几种重要的重金属污染与食品安全的关系。

第一节　汞与食品安全

一、概述

　　汞广泛存在于自然界中,一些自然现象可使汞从地表经大气、雨雪等环节不断循环,并为动植物吸收。人类的生产活动可明显加重汞对环境的污染。未经净化处理的工业"三废"排放造成水体和土壤的汞污染。水中的汞多吸附在悬浮的固体微粒上而沉降于水底,使底泥中含汞量比水中高 7～25 倍,且可转化为甲基汞。含汞污水对江河湖海的污染即可引起公害,如水俣病。环境中的汞通过食物链的富集作用导致在食品中大量残留。

　　汞富于流动性,且易在常温下蒸发,故汞中毒是常见的职业中毒,主要发生在长期吸入汞蒸气或汞化合物粉尘的生产工人中。

二、汞污染对人体的危害

　　1. 急性汞中毒

　　短时间(3～5 小时)吸入高浓度汞蒸气($1.0\ mg/m^3$)及口服大量无机汞可致急性汞

中毒。临床表现如下。

（1）全身症状　口内金属味、头痛、头晕、恶心、呕吐、腹痛、腹泻、乏力、全身酸痛、寒战、发热（38～39 ℃），严重者情绪激动、烦躁不安、失眠甚至抽搐、昏迷或精神失常。

（2）呼吸道表现　咳嗽、咳痰、胸痛、呼吸困难、发绀、两肺可闻及程度不同的干湿啰音或呼吸音减弱。

（3）消化道表现　齿龈肿痛、糜烂、出血、口腔黏膜溃烂、牙齿松动、流涎、可有"汞线"、唇及颊黏膜溃疡，出现腹痛、腹泻、排黏性脓血便。严重者可因胃肠穿孔导致泛发性腹膜炎，可因失水等原因出现休克。个别病例出现肝功能异常及肝脏肿大。

（4）中毒性肾病　一般口服汞盐数小时、吸入高浓度汞蒸气 2～3 天可出现肾小管上皮细胞坏死，导致水肿、无尿、氮质血症、高钾血症、酸中毒、尿毒症等，直至急性肾衰竭并危及生命。对汞过敏者可出现血尿、嗜酸性粒细胞尿，伴全身过敏症状，部分患者可出现急性肾小球肾炎，严重者有蛋白尿、高血压以及急性肾衰竭。

（5）皮肤表现　中毒后 2～3 天，于四肢及头面部出现红色斑丘疹，进而全身可融合成片状或溃疡伴全身淋巴结肿大，严重者可出现剥脱性皮炎。

吸入汞蒸气（浓度 0.5～1.0 mg/m³）可致亚急性汞中毒，常于接触汞 1～4 周后发病。临床表现与急性汞中毒相似，程度较轻。可见脱发、失眠、多梦、三颤（眼睑、舌、指）等表现。一般脱离接触及治疗数周后可治愈。

2. 慢性汞中毒

长期食用被汞污染的食品或职业接触汞蒸气常引起慢性汞中毒，出现一系列不可逆的神经系统中毒症状，也能在肝、肾等脏器蓄积并透过血脑屏障在脑组织内蓄积。还可通过胎盘侵入胎儿，使胎儿中毒。严重的可造成妇女不孕症、流产、死产或使初生婴儿患先天性水俣病，发育不良，智力减退，甚至发生脑麻痹而死亡。慢性汞中毒临床表现如下。

（1）神经精神症状　有头晕、头痛、失眠、多梦、健忘、乏力、食欲缺乏等精神衰弱表现，经常心悸、多汗、皮肤划痕试验阳性、性欲减退、月经失调，进而出现情绪与性格改变，表现为易激动、喜怒无常、烦躁、易哭、胆怯、羞涩、抑郁、孤僻、猜疑、注意力不集中，甚至出现幻觉、妄想等精神症状。

（2）口腔炎　早期齿龈肿胀、酸痛、易出血、口腔黏膜溃疡、唾液腺肿大、唾液增多、口臭，继而齿龈萎缩、牙齿松动、脱落，口腔卫生不良者可有"汞线"（经唾液腺分泌的汞与口腔残渣腐败产生的硫化氢结合生成硫化汞沉积于齿龈黏膜下而形成的蓝黑色线）。

（3）震颤　起初穿针、书写、持筷时手颤，方位不准确、有意向性，逐渐向四肢发展，患者饮食、穿衣、行路、骑车、登高受影响，发音及吐字有障碍，从事习惯性工作或不被注意时震颤相对减轻。肌电图检查可有周围神经损伤。

（4）肾脏表现　少数可出现腰痛、蛋白尿、尿镜检可见红细胞。临床出现肾小管肾炎、肾小球肾炎、肾病综合征的病例少见。一般脱离汞及治疗后可恢复。部分患者可有肝脏肿大,肝功能异常。

中国国家标准规定各类食品中汞含量(以汞计)不得超过以下标准:粮食 0.02 mg/kg,薯类、果蔬、牛奶 0.01 mg/kg,鱼和其他水产品 0.3 mg/kg(甲基汞为 0.2 mg/kg),肉、蛋(去壳)、油 0.05 mg/kg,肉罐头 0.1 mg/kg。

第二节　镉与食品安全

一、概述

自本世纪以来,工业的迅速发展,镉的生产和使用不断增加,至 2005 年,全世界镉的产量已达一亿吨,排放量达一千多万吨,镉通过工业"三废"进入环境,废电池已成为重要的污染源,土壤中溶解态镉能直接被植物吸收,不同作物对镉的吸收能力不同,一般蔬菜镉含量比谷物籽粒高,且叶菜、根菜类高于瓜果类。动物体内的镉主要经食物、水摄入,且有明显的生物蓄积倾向。水生生物能从水中富集镉,其体内浓度可比水体镉含量高 4500 倍。据调查非污染区贝介类含镉量为 0.05×10^{-6} g/g,而在污染区贝介中镉含量可达 420×10^{-6} g/g。

镉也可以在人体内蓄积,在人体内镉的半衰期长达 7~30 年,可蓄积 50 年之久,能对多种器官和组织造成损害。

有毒的镉化合物有醋酸镉、硫酸镉、硝酸镉、氰化镉、氯化镉、溴化镉、碘化镉、硫化镉、氧化镉、硒化镉、邻氨基苯甲酸镉等。其中除硒化镉、硫化镉和氧化镉极微溶于水外,其余镉化合物大多溶于水,因此不论从消化道、呼吸道都能被机体吸收,对全身器官系统发生作用,但不能进入胎儿和母乳中。不同形式的镉盐对动物的影响不同,硝酸镉和氯化镉易溶于水,故对动物的毒性较高。氯化镉对生长的抑制性很强,而且死亡的时间比硫酸镉早。硫化镉及其他可溶性盐类有致癌作用。乙酸镉和半胱氨酸镉对于畜禽生产性能有副作用。

二、镉的毒理

1. 镉与氧化应激

镉增强膜脂质过氧化,改变细胞内的抗氧化系统,诱导不同组织氧化损伤。镉消耗谷胱甘肽(GSH),结合蛋白巯基,增强了活性氧(ROS)如超氧自由基、羟基自由基、过氧化氢等的活性,促进脂质过氧化。镉导致线粒体呼吸调节功能和氧化磷酸化偶联发生障碍。这种呼吸功能的障碍会消耗大量的氧,出现明显的氧渗漏现象,产生大量自由基。

镉可抑制人和动物体内抗氧化酶活性,导致脂质过氧化物堆积从而引起组织损伤。抗氧化酶是体内主要清除自由基的酶,它的活性下降,组织清除自由基能力降低,发生氧化损伤。镉与 SOD、谷胱甘肽还原酶(GSSG-R)的巯基结合,与 GSH-Px 中的硒(Se)形成 Cd-Se 复合物,或取代 CuZn-SOD 中的 Zn 形成 CuCd-SOD,从而使这些酶的抗氧化活性降低或丧失。富含巯基的金属硫蛋白(MT)、GSH 以及微量元素 Zn、Se 能拮抗镉的生殖毒性现象也证实了这一点。

2. 镉与酶

镉与含羟基(—OH)、氨基(—NH)、巯基(—SH)的蛋白质分子结合,生成镉-蛋白质,使许多酶系统受到抑制,甚至使酶失去生物活性,此外,镉与锌蛋白酶发生亲和反应,置换出锌,干扰、降低那些需要锌的酶的生物活性和生理功能,影响机体蛋白质、脂肪和糖类等物质的消化吸收和代谢。这是镉毒性的重要机制之一。镉降低葡萄糖-6-磷酸酶(G-6-Pase)、氨基比林 N-脱甲基酶的活力,同时使肝微粒体脂质过氧化作用加强,表明镉降低微粒体酶活性可能是通过激活膜的脂质过氧化所致。镉损伤睾丸间质细胞超微结构,降低睾丸和附睾组织中的碱性磷酸酶(ALP)、乳酸脱氢酶(LDH)、碳酸酐酶等的活性。ALP 是锌的胞浆结合酶,镉与蛋白质巯基的结合比锌稳定,故镉能将含锌酶 ALP 中的锌不可逆地置换出来,导致 ALP 下降。

镉损伤肾小管细胞,肾小管上皮细胞体外感染镉 30 分钟后,细胞 $Na^+-K^+-ATPase$ 活性明显受抑制,胞浆内游离 Ca^{2+} 浓度显著升高,胞浆内 Ca^{2+} 浓度的升高与 $Na^+-K^+-ATPase$ 活性下降之间存在着明显的相关性。镉降低脾淋巴细胞膜 $Na^+-K^+-ATPase$、$Mg^{2+}-ATPase$ 和 $Ca^{2+}-ATPase$ 的活性,且具有时间效应。有人认为低浓度的镉可代替 Ca^{2+} 激活钙调蛋白(CaM),进而直接和 Ca^{2+}、$Mg^{2+}-ATPase$ 的巯基(—SH)部分结合,产生抑制作用。高浓度氧化镉直接损害线粒体中电子传递和产能,使 ATP 合成水平大大下降,细胞由于缺乏能量而坏死。

3. 镉与细胞凋亡

镉能诱导鼠肝细胞凋亡,并且凋亡发生在坏死之前。氯化镉可以诱导大鼠肾细胞系(NRK)细胞凋亡,氯化镉处理一定时间后,NRK 细胞早期、中晚期凋亡率显著增加,并具有剂量-效应关系;在 201 μmol/L 氯化镉染毒条件下,早期与中晚期细胞凋亡率随时间延长而增加。

三、镉对人体的危害

肾功能异常是镉暴露的临界效应,即在最低镉浓度时最早出现的不良效应。镉与肾小管功能异常指标之间存在统计学意义的剂量-效应关系。镉引起肾损伤中最明显且最早出现的一种征象是尿钙升高。居住在镉污染区的居民尿钙含量（均值）显著高于非污染区居民。

镉影响人体骨质，绝经后妇女骨密度降低和骨折危险性增加与长期镉暴露有关。

镉可引起卵巢病理组织学改变，使卵泡发育障碍。镉可干扰排卵和受精过程，抑制卵巢颗粒细胞和黄体细胞类固醇的生物合成。镉还影响卵巢内分泌功能，使妇女早产率、死胎率、低体重儿发生率增高。此外，镉还对垂体内分泌功能、雌激素受体、孕酮激素受体及其基因表达产生影响。镉对雄性生殖也产生不良影响。镉降低血清睾酮水平，影响男性生殖。

镉可对心肌收缩产生不良影响，引起各种心血管系统障碍。

镉可直接抑制含巯基酶，导致去甲肾上腺素、5-羟色胺、乙酰胆碱水平下降，对脑代谢产生不利影响。儿童脑组织发育不够完善，中枢神经系统对镉的敏感性比成人高，镉对儿童神经系统的危害比成人严重。接触镉的儿童智商水平和视觉下降，学习能力降低，头发镉水平分析有助于智商判别和精神发育迟滞的诊断。

镉具有致癌性。镉的致癌作用与其损伤 DNA 和影响 DNA 的修复有关。国际癌症研究署（IARC）把镉归类为第一类致癌物，可引起肺、前列腺和睾丸的肿瘤。长期吸入氯化镉可引起支气管炎、肺部炎症、肺气肿、肺纤维化乃至肺癌。

长期摄入含镉量较高的食品，可患"痛痛病"（亦称骨痛痛），症状以疼痛为主，初期腰背疼痛，以后逐渐扩至全身，疼痛性质为刺痛，安静时缓解，活动时加剧。

镉对免疫系统的影响大多表现为免疫抑制，而且与染毒途径、剂量、时间等因素相关。镉影响巨噬细胞功能，浓度在 $100\ \mu mol/L$ 以上时，其吞噬功能受到显著抑制，并有明显的剂量-效应关系。镉可减少巨噬细胞分泌肿瘤坏死因子 α（TNF-α）及一氧化氮（NO），但促进其分泌前列腺素 E_2（PGE_2）。TNF-α 和 NO 均是巨噬细胞杀瘤的主要效应分子，TNF-α 还可通过诱导 MHC-Ⅰ类、MHC-Ⅱ类抗原的表达，加强免疫应答，全面增强细胞及体液免疫功能。因此镉可能通过抑制 TNF-α 的分泌而发挥免疫抑制作用。镉对杀伤细胞（K）和自然杀伤细胞（NK）功能有显著抑制作用，且呈明显剂量-效应关系。

镉诱导淋巴细胞 SOD 抗氧化活性升高，抑制 T 淋巴细胞增殖和引起 T 淋巴细胞亚群改变。镉抑制有丝分裂原诱导的鼠脾 T、B 淋巴细胞增殖转化，具有剂量-效应关系。

镉是主要的环境污染毒物之一，环境一旦遭受镉的污染，很难消除，因此要坚持环境监测，严格控制"三废"排放，加强对工业镉三废的治理，合理采矿和冶炼。对受镉污染的土壤，可采取土壤改良措施，如在土壤中施加石灰，以增强土壤碱性；施用磷酸盐类肥料，使其生成磷酸镉沉淀，从而减少植物对镉的吸收。活性炭、蒙脱石、高岭土、膨润土、风化煤、磺化煤、高温矿渣、沸石、壳聚糖、羧甲基壳聚糖、硅藻土、改良纤维、蛋壳、活性氧化铝、腐殖质、纳米材料等吸附剂由于其表面积大，结构复杂以及其他一些性能，能对土壤和水中的镉有很好的吸附作用。动物在饲喂含镉量较高的饲料时，可以添加与镉有拮抗作用的元素如锌、铁、铜、钙、硒、维生素 C,降低镉对动物的毒性。对于人类来说,要尽量减少食用含镉量较高的贝类、海鲜,不吸烟或少吸烟。

我国规定各类食品中镉含量(以镉计)不得超过以下标准:大米 0.2 mg/kg,面粉和薯类 0.1 mg/kg,杂粮 0.05 mg/kg,水果 0.03 mg/kg,蔬菜 0.05 mg/kg,肉和鱼 0.1 mg/kg,蛋 0.05 mg/kg。

第三节　铅与食品安全

一、概述

铅在自然环境中分布很广,通过排放的工业“三废”使环境中铅含量进一步增加。植物通过根部吸收土壤中溶解状态的铅,农作物含铅量与生长期和部位有关,一般生长期长的高于生长期短的,根部高于茎叶。在食品加工过程中,铅可通过用水、容器、设备、包装等途径进入食品。

铅化合物主要通过呼吸道、消化道及皮肤进入体内,再经血液循环扩散到其他组织。铅主要沉积在骨组织中,占总量的 80%~90%。另外在肝、肾、脑等组织中的含量也较高,并使这些组织发生病变。

二、铅的危害

铅具有神经毒性,对中枢和周围神经系统有明显的损害作用,损伤血脑屏障,引起毛细血管内皮细胞肿胀,导致脑水肿和脑出血。铅抑制单胺氧化酶、合成酶、胆碱酯酶等活性,影响神经递质(多巴胺、5-羟色胺、去甲肾上腺素、乙酰胆碱、谷氨酸、γ-氨基丁酸)的合成、释放、摄取,还影响受体结合,从而影响神经功能。多巴胺、乙酰胆碱与学习、记忆功能关系密切,单胺类可影响兴奋与抑制。铅可造成海马体结构异常,从而影响智商,还可导致易激惹、多动、反应迟钝、运动失调等。

铅危害造血功能:众所周知,铁与原卟啉结合形成血色素,血色素与球蛋白结合形成血红蛋白。高铅负荷时,铅抑制血液中 δ-氨基乙酰丙酸脱氢酶和血红素合成酶,使血红素合成受到抑制,原卟啉的生成减少,原卟啉与铁的络合受阻,因而血红蛋白合成减少,发生小细胞低色素性贫血,嗜碱性点彩红细胞增多,血涂片中有时可见到在染色正常的红细胞中出现大小不等、多少不一的深蓝色颗粒,铅中毒者此细胞明显增加,红细胞膜被破坏。

铅影响免疫功能,抑制体液、细胞免疫和吞噬细胞功能,从而使机体免疫力下降。

铅影响内分泌系统,影响甲状腺素合成中碘富集过程,使甲状腺素合成减少,导致促甲状腺素对促甲状腺素释放激素的反应性降低。高浓度铅还可抑制人体生长激素和胰岛素样生长因子Ⅰ的释放。这些激素皆影响生长发育,儿童铅中毒可造成身材矮小。血铅过高时可发生1,25-二羟维生素D的合成障碍。

铅影响消化系统功能:导致肝大、黄疸甚至肝硬化或肝坏死,出现食欲不振,胃肠炎、恶心、呕吐、腹痛、腹泻、便秘。典型症状为腹绞痛,即突然发作的脐周剧烈疼痛,可能是肠壁碱性磷酸酶和ATP酶活性受抑制,引起K^+、谷氨酸代谢紊乱,出现由PbS颗粒沉积形成的"铅线"(齿龈和牙齿交界处出现暗蓝色线)。

致癌、致畸作用:铅中毒使人外周血淋巴细胞染色单体畸变增加,引起肺癌肝癌等,发生死胎、畸胎、流产。Pb也可引起小鼠生殖腺异常,流产、致畸。

我国规定各类食品中铅最大允许含量(以铅计):冷饮食品、蒸馏酒、调味品、罐头、火糖、豆制品等1.0 mg/kg,发酵酒、汽酒麦乳精、焙烤食品、乳粉、炼乳等0.5 mg/kg,松花蛋3.0 mg/kg,色拉油0.1 mg/kg。

第四节　砷与食品安全

一、概述

砷在自然界广泛存在,天然食品中含有微量的砷。化工冶炼、焦化、染料和砷矿开采后的废水、废气、废渣中的含砷物质污染水源、土壤后间接污染食品。水生生物特别是海洋甲壳纲动物对砷有很强的富集能力,可浓缩高达3300倍。用含砷废水灌溉农田,导致砷在植株各部分残留,其残留量与废水中砷浓度成正比。农业上由于广泛使用含砷农药,导致农作物直接吸收和通过土壤吸收的砷大大增加。人平均每日摄入砷10 μg,几乎都来自食物和水。

砷的化合物种类很多,大都存在于地表水体和沉积物中。砷在水体中有四种价态(+5,+3,0,-3)。元素砷只有在很少情况下存在,负三价砷只在还原条件下产生。砷主要以砷酸盐和亚砷酸盐的形式存在。前者毒性只有后者的1/60。砷酸盐和亚砷酸盐很易被水合氧化铁所吸附而共沉。砷对硫有亲和力,易形成砷的硫化物而被固定下来。在富氧的表层湖水中,低价砷被氧化成砷酸盐,砷酸盐在转入缺氧的低层湖水后,被硫

化氢还原成 $HAsO_2$ 和 AsS_2，最后转变为难溶的砷的硫化物。微生物使砷甲基化再度溶于水中，参与生物循环。大部分土壤淋溶出来的砷随着地表径流进入江河，最终输往海洋。在干旱地区，地下含水层岩石在特定的自然环境下容易向地下水水井渗析出无机砷。

无机砷主要由消化道、呼吸道和皮肤接触进入机体，入血的砷化合物大部分与血红蛋白结合，随血液分布到全身各组织器官。在人体内，5 价无机砷和砷化氢等先还原为 3 价砷，然后甲基化生成 5 价甲基胂酸（MMAⅤ），再次进行还原和甲基化生成 3 价甲基胂酸（MMAⅢ）、5 价二甲基胂酸（DMAⅤ）等。砷甲基化产物具有很强的毒性，尤其是遗传毒性。大部分砷通过甲基化后以 DMAⅤ 的形式从尿中排泄。

5 价砷与体内巯基亲和力不大，很少蓄积，很快经肾脏排出，因而毒性不大。而 3 价砷与体内巯基有高度亲和力，在体内的蓄积性强，平均可达 9 年之久，毒性大，进入人体后，会与细胞内的酶蛋白分子的硫基结合，使酶蛋白变性失去活性，影响细胞的正常代谢，阻断细胞内氧化供能，导致细胞缺少 ATP（三磷酸腺苷）供能而死亡，继而造成组织损伤。

无机砷的甲基化在其致病过程中起特别重要的作用，是砷危害健康的主要途径。甲基化了的 MMAⅢ 的毒性是所有砷化合物中最强的。砷的甲基化产物甲基砷酸，与多种肿瘤发生关系密切。

二、砷的危害

1. 急性砷中毒

误服大量砷可导致急性砷中毒，其症状如下。

急性胃肠炎，表现食管烧灼感，口内有金属异味，恶心、呕吐、腹痛、腹泻、米泔样粪便（有时带血），可致失水、电解质紊乱。

神经系统表现为头痛、头昏、乏力、口周围麻木、全身酸痛，重症患者烦躁不安、谵妄、妄想、四肢肌肉痉挛，意识模糊甚至昏迷、呼吸中枢麻痹。可出现多发性周围神经炎和神经根炎，肌肉疼痛、四肢麻木、针刺样感觉、四肢无力，有肢体远端向近端呈对称性发展的特点，以后感觉减退或消失。重症患者有垂足、垂腕，伴肌肉萎缩，跟腱反射消失。

其他器官损害包括中毒性肝炎（肝大、肝功能异常或黄疸等）、心肌损害、肾前性肾功能不全甚至循环衰竭等，贫血，眼刺痛、流泪、结膜充血、咳嗽、喷嚏、胸痛、呼吸困难以及头痛、眩晕等，严重者可出现咽喉、喉头水肿甚至窒息，或发生昏迷、休克。皮肤接触部位可有局部瘙痒和皮疹，一周后出现糠秕样脱屑，继之局部色素沉着、过度角化。急性中毒 40～60 天，几乎所有患者的指甲、趾甲上都有白色横纹（Mess 纹），随生长移向趾尖，约 5 个月后消失。砷化氢中毒的临床表现主要是急性溶血。

2. 慢性砷中毒

长期食用过量含砷食品导致慢性砷中毒，其症状如下。

除出现神经衰弱症状外，突出表现为多样性皮肤损害和多发性神经炎。砷化合物粉尘可引起刺激性皮炎,出现在胸背部、皮肤皱褶和湿润处,如口角、腋窝、阴囊、腹股沟等。皮肤干燥、粗糙处可见丘疹、疱疹、脓疱,少数人有剥脱性皮炎,日后皮肤呈黑色或棕黑色的散在色素沉着斑。毛发脱落,手和脚掌角化或蜕皮,典型的表现是手掌的尺侧缘、手指的根部有许多小的角样或谷粒状角化隆起,俗称砒疗或砷疗,可融合成疣状物或坏死,继发感染,形成经久不愈的溃疡,可转变为皮肤原位癌。黏膜受刺激可引起鼻咽部干燥、鼻炎、鼻出血,甚至鼻中隔穿孔。还可引起结膜炎、齿龈炎、口腔炎和结肠炎等。同时可发生中毒性肝炎(极少数发展成肝硬化),骨髓造血不良,四肢麻木、感觉减退等周围神经损害。

国家标准规定各类食品中砷最大允许含量标准为(以砷计):粮食 0.7 mg/kg,果蔬、肉、蛋、淡水鱼、发酵酒、调味品、冷饮食品、豆制品、酱腌菜、焙烤制品、茶叶、糖果、罐头皮蛋等均为 0.5 mg/kg,植物油 0.1 mg/kg,色拉油 0.2 mg/kg。

第五节　铬　的　污　染

一、概述

铬是人和动物所必需的一种微量元素,对某些酶系统有促进作用,小剂量的铬可加速淀粉的分解,抑制体内脂肪酸和胆固醇的合成,铬缺乏会导致糖、脂肪、蛋白质及核酸的代谢紊乱,血液中胆固醇含量增高,沉淀在血管壁上形成动脉粥样硬化,导致高血压和冠心病,糖耐量下降,引起糖尿病。

铬广泛存在于自然界中,主要以零价、三价和六价三种化合价存在,其中 Cr^{6+} 是铬的主要毒性形式,比三价铬的毒性大 100 倍。含有铬的废水和废渣是铬污染的主要来源,环境中铬可以通过水、空气、食物的污染而进入生物体。食品中铬污染主要是用含铬污水灌溉农田造成的。水体中铬能被生物吸收并在体内蓄积,用被铬污染的水灌溉农田,土壤及农作物的含铬量随灌溉年限及铬浓度而逐渐增加。作物中铬大部分在茎叶中。

二、铬的危害

过量摄入铬会导致人体中毒。六价铬经呼吸道、消化道或皮肤进入机体后,经非特异性的磷酸离子或硫酸离子通道通过细胞膜进入细胞内,随后被还原为五价、四价和三价的形式,它们会损伤线粒体、DNA,干扰 DNA 损伤的修复等。

铬进入血液后,主要与血浆中的铁球蛋白、白蛋白、γ-球蛋白结合,六价铬还可透过红细胞膜,15 分钟内有 50% 的六价铬进入红细胞与血红蛋白结合。六价铬在被还原的过程中,会抑制谷胱甘肽还原酶活性,使血红蛋白变为高铁血红蛋白,致使红细胞携带氧功能减退,血氧含量减少,产生各种中毒症状,严重时导致死亡。

六价铬可促进维生素 C 氧化,干扰体内多种重要酶的活性,影响物质的氧化还原和水解过程。

铬能与核蛋白、核酸结合,引起机体蛋白质变性,核酸和核蛋白沉淀,遗传密码改变,影响基因组的表观遗传修饰及一些关键基因的表达,导致癌信号通路的持续激活,诱导活性氧过量产生,进而引起细胞的突变和癌变。

铬的急性和亚慢性中毒均会导致机体肾脏出现病理性损伤,迁延中毒时可见肝、肾、心肌细胞变性,肾小管上皮细胞坏死。且随染毒时间的延长,肾小管损害加重,同时尿液中各种酶及蛋白质的含量升高,肝细胞也出现不同程度的损害,血清中某些酶水平发生改变。

三价铬不能透过胎盘,但可蓄积于胎盘,而六价铬的致畸性与染毒剂量成正比,对动物具有胚胎发育毒性和致畸性。

铬能引起机体淋巴细胞数目减少甚至凋亡,降低免疫力。

铬可导致正常人皮肤纤维原细胞形态学改变、氧化损伤并伴随线粒体膜结构变化及细胞色素 C 释放。同时也可引起皮炎湿疹类皮肤病。

铬经呼吸道侵入人体时,侵害上呼吸道,引起鼻炎、咽炎和喉炎、支气管炎。

铬主要从肾排出,少量经粪便排出。六价铬对人主要是慢性毒害,可以通过消化道、呼吸道、皮肤和黏膜侵入人体,在体内主要积聚在肝、肾和内分泌腺中。通过呼吸道进入的则易积存在肺部。六价铬有强氧化作用,所以慢性中毒往往以局部损害开始逐渐发展。

对于急性铬中毒要及时洗胃、口服豆浆、牛奶或蛋清等,服用含巯基的半胱氨酸,调节水电解质平衡,膳食要加强营养,增加富含维生素 C(抗坏血酸)的新鲜蔬菜和水果,用维生素 B_{12} 治疗恶性贫血时,同时给予叶酸可提高疗效。

第六节　铝 的 污 染

铝普遍存在于自然界,是地壳中最为丰富的金属元素,约占地壳含量的 8%。铝盐和铝曾广泛用于食品添加剂、药物、处理水的混凝剂及各种炊具、容器等。随着分析技术的发展及铝系统毒性研究的深入,人们对铝的认识越来越深刻。

一、铝的主要来源

天然水中铝含量低,因此天然水不是铝的主要来源,但铝盐广泛用作水的混凝剂,使经过处理的水中铝含量增高,有的地区因水氟含量高,用铝盐除氟,导致水中有较大的铝残留。此外,地面水如因酸雨影响而呈酸性时,可促使土壤中铝析出而增加水中铝含量。

大部分食物,特别是谷物、蔬菜都含有少量的铝,铝的含量与植物品种、土壤状况及酸碱性有关。一般食物中铝含量在 10 mg/kg 以下。天然含铝高的食物有茶叶及一些草药,如有的茶叶含铝可达 17 g/kg。

最近一些研究认为铝制炊具、容器也是膳食中铝的来源之一,从炊具、容器中来源的铝量受很多因素的影响,如食物的酸碱性、烹饪时间的长短、炊具、容器的类型及怎样使用等。尤其在用铝锅加热酸性食物如西红柿时,可将大量铝溶出转移到食物中。

此外,医源性铝是铝的一个重要来源,如加入含铝缓冲剂的抗酸药和止痛剂,被铝污染的透析液、静脉营养液及防治高磷酸盐血症所用的磷酸结合剂。

二、铝的代谢

铝的吸收率很低,一般认为小于 1%,很多因素都影响其吸收,如食物的酸碱性、维生素 D、甲状旁腺素及铝盐的种类等。酸性环境有利于铝吸收,因此铝在胃和接近十二指肠部位的酸性环境中吸收较多。人体对氯化铝吸收比氢氧化铝、碳酸铝等都高得多。枸橼酸、乙酸、乳糖、维生素 D、甲状旁腺素、低钙、低锌膳食都能增加铝吸收及在组织中存留。

吸收的铝大部分与血浆蛋白特别是运铁蛋白和白蛋白结合,主要蓄积在骨、甲状旁腺和脑皮质。

铝主要的排泄途径是肾脏。随着铝摄入量增多,尿铝排出量随之增加,一般尿铝排出每日为 15~55 μg。有学者提出当摄入铝超过肾脏排泄能力时,铝即能在机体内潴留。

三、铝的毒性

1. 铝的神经毒性

铝过量使神经原纤维缠结(NFTs),导致 Alzheimer 型老年性痴呆(SDAT)和早老性痴呆患者的神经原纤维变性(NFD)。正常人的脑铝含量低于 4 μg/g 干重,而 Alzheimer 患者的脑铝含量是正常人的 1.5~30 倍,在 NFTs 区域显示脑铝含量明显升高,而且病变区域的铝浓度与 NFTs 密度呈正相关。

人从中年后期到老年期脑中铝含量随年龄的增加而增加,且在海马体中铝含量最高。分析亚细胞结构中的铝,认为 SDAT 患者的脑铝蓄积在细胞核内,与神经原的核部分结合,特别是核的异染色质。

与铝相关的其他慢性脑病,如关岛型肌萎缩性侧索硬化症(ALS)和帕金森神经机能障碍性痴呆患者的神经原核有铝蓄积,同时发现神经原内有 NFTs 存在,而且各种慢性脑病患者及正常受试者具有 NFTs 的神经原内都有较高水平的铝。

超微结构研究发现铝导致的动物 NFTs 是由单个直径为 10 nm 的细丝组成,而 SDAT 患者的 NFTs 是由成对直径为 10 nm 的细丝组成双螺旋结构,螺距为 80 nm。化学和免疫学试验认为这两种 NFTs 是由不同的蛋白质组成的,铝导致的 NFTs 是由正常的神经原细丝多肽组成,SDAT 患者的 NFTs 是由细胞骨架蛋白组成的。

铝的神经毒作用机制是铝干扰机体各种生物学过程和酶的活性等,如铝与脑钙调节蛋白结合,影响其功能。

铝蓄积在神经原内,与染色质结合,刺激 RNA,增强蛋白质的合成,干扰和抑制轴突运输,造成神经原内神经纤维的堆积,增加神经递质的崩解或降低神经介质的重吸收,降低脑组织中胆碱乙酰化酶(CAT)和乙酰胆碱酯酶(AchE)的活性,尤其是在神经原纤维缠结的邻近部位 CAT 明显下降,从而抑制突触对儿茶酚胺类神经递质的摄取及对某些氨基酸类递质的摄取。

2. 铝的骨骼毒性

有神经系统病症的透析患者产生抗维生素 D 性骨软化,这些患者骨铝含量明显升高。铝中毒性骨软化患者骨铝含量与骨的形成率呈负相关,而与类骨质呈正相关,并证实铝蓄积在矿化前沿损害矿化作用,而且对成骨细胞有直接毒害作用。当除去透析液中的铝或限制口服铝盐的摄入时,铝性骨软化的临床症状可得到改善。

长期使用含铝抗酸药患者骨营养不良,并且骨中有铝蓄积。长期接受静脉高铝营养液的患者,产生骨软化,这些患者骨中铝含量升高,改用低铝营养液,患者的骨组织学改变和临床症状得到改善。应用铝的螯合剂去铁胺(DFO)能够改善或治愈这些与铝相关的骨软化。

长期高铝摄入,可增加磷从粪便排出,从而降低尿磷、增加尿钙、降低氟吸收,造成磷酸盐缺乏、钙磷代谢紊乱、严重磷缺乏并影响骨基质形成,矿化速率减慢,骨内膜破骨细胞的骨吸收率增加。

目前研究认为铝对骨的直接毒害作用可能有如下两个机制。

(1)铝沉积在成骨细胞内抑制其功能,降低骨细胞数量,造成新骨质形成下降,产生骨软化。

(2)铝直接抑制矿化作用,如抑制磷酸钙形成羟磷灰石结晶从而导致骨软化。

此外铝还影响维生素 D 的代谢。

3. 铝的其他毒性

铝抑制亚铁氧化酶的活性。并与运铁蛋白结合,影响铁的利用,铝导致是小红细胞性贫血和肾病晚期患者恶性贫血的一个因素。

动物和人体中发现铝蓄积在甲状旁腺并抑制它的分泌。

铝还抑制 Na^+-K^+ ATP 酶,干扰糖的代谢和磷酸化过程,抑制己糖激酶活性等。

第五章　农药残留对食品安全的影响

农药是指用于防治农业、林业的病、虫、草害,调节植物、昆虫生长发育的一种物质或几种物质的混合制剂。

中国是世界上农药生产和消费较高的国家,除了有机农作物外,几乎所有作物都离不开农药,使用农药可以挽回 15％～20％ 的损失。但是,农药的过量施用造成农药残留,对人畜产生不良影响,对生态系统造成毒害。20 世纪 50—60 年代,中国主要用有机氯农药六六六和 DDT 来防治作物虫害,由于其残留严重,于 1983 年停止生产和使用,1980 年中国开始进口和使用高效杀虫剂拟除虫菊酯类农药。近年来杀虫剂、除草剂、杀菌剂,特别是有机磷农药(甲胺磷、甲基 1605,氧化乐果、久效磷、对硫磷、甲拌磷)的大量使用,造成农作物农药残留严重。

农药残留是农药使用后,残存在植物体内、土壤和环境中的农药及其代谢物和杂质。农药引起的食物中毒居化学性中毒之首。农药按用途可以分为以下几种。

杀虫剂:有机磷类、有机氯类、氨基甲酸酯类、拟除虫菊酯类。

杀菌剂:代森锰锌、波尔多液、多菌灵。

杀螨剂:三氯杀螨醇、三氯杀螨砜、克螨特。

杀鼠剂:杀鼠灵。

除草剂:莠去津、除草醚、杀草丹、氟乐灵、绿麦隆。

植物生长调节剂:乙烯剂、萘乙酸、矮壮素。

农药按化学结构和组成可以分为有机氯农药、有机磷农药、氨基甲酸酯类农药、拟除虫菊酯类农药、有机砷农药、有机汞农药。

第一节　有机氯农药

一、概述

有机氯农药是用于防治植物病、虫害,成分中含有有机氯元素的有机化合物。有机氯农药有两大类：一类是氯苯类，包括六六六、滴滴涕等，这类农药现在很少用或禁用；另一类是氯化脂环类，包括狄氏剂、毒杀芬、氯丹七氯等。

有机氯农药挥发性低、化学性质稳定、不易分解、残留期长、不易溶于水、易溶于脂肪和有机溶剂，多储存在动植物脂肪组织，且易于在生物体内蓄积，是食品中主要的农药残留之一。一般有机氯农药残留在动物性食物中含量远高于植物性食物。植物性食物中农药残留量顺序从大到小依次为植物油、粮食、蔬菜、水果。

有机氯农药可通过大气和水等环境介质迁移而使全球受到污染，能透过胎盘乳汁，并可通过食物链危害人类健康。有机氯农药中等毒性、难分解、半衰期10年以上，主要作用于肝脏，有致癌、致畸作用。

二、有机氯农药的作用及机理

有机氯在体内的主要靶器官是神经系统，DDT作用于神经类脂膜上的胆固醇，降低了膜对钙离子的渗透性，干扰了轴突膜去极化后恢复正常电位所需的表面重新钙化。

有机氯农药主要分为以苯为原料和以环戊二烯为原料两大类。前者如使用最早、应用最广的杀虫剂DDT和六六六，以及杀螨剂三氯杀螨砜、三氯杀螨醇等，杀菌剂五氯硝基苯、百菌清、道丰宁等；后者如作为杀虫剂的氯丹、七氯、艾氏剂等。此外以松节油为原料的莰烯类杀虫剂、毒杀芬和以萜烯为原料的冰片基氯也属于有机氯农药。

三、有机氯农药的危害

氯苯结构较稳定，生物体内酶难于降解，所以积存在动、植物体内的有机氯农药分子消失缓慢，通过生物富集作用，环境中的残留农药会进一步得到富集和扩散。通过食物链进入人体的有机氯农药能在肝、肾、心脏等组织中蓄积，特别是这类农药脂溶性大，可在体内脂肪中蓄积。蓄积的残留农药也能通过母乳排出，或转入卵蛋等组织，影响后代。

有机氯农药急性毒性主要是刺激神经中枢，引起头痛、头晕、视物模糊、恶心、呕吐、流涎、腹痛、四肢无力、肌肉颤动等，严重者可见大汗、共济失调、震颤、抽搐、昏迷，并有中枢神经发热及肝、肾损害。慢性有机氯农药中毒可引起小脑失调、肌肉震颤、内分泌紊乱、肝肿大、肝细胞变性和中枢神经系统病变。常表现为神经衰弱综合征，部分患者出现多发性神经病及中毒性肝病，食欲不振，体重减轻，造血器官障碍等。

有机氯农药会诱导哺乳动物发生氧化应激，产生大量的活性氧，当细胞内活性氧超过抗氧化体系的缓冲能力时，氧化应激就会形成。大量活性氧（reactive oxygen species，ROS）作用于睾丸组织，可引起男性不育。有机氯农药可以使许多哺乳动物和爬行动物的繁殖能力显著下降。连续 10 天每天给予成年雄性大鼠 50、100 mg/kg 的 DDT,动物睾丸重量减轻、附睾活性精子比例降低,输精管管腔内精子显著减少,血清 LH 和 FSH 水平明显升高。

有机氯农药在人体的蓄积与乳腺癌的发生相关。人体蓄积 DDT 是乳腺癌尤其是激素依赖性乳腺癌的高危因素。它可能干扰人体内激素的合成和分泌,或直接发挥雌激素作用而导致乳腺癌的发生。

有机氯农药在人类生产生活中发挥了重大的作用,但其具有生物毒性及难以降解,使其成为一种严重的环境污染物。它具有低挥发性、化学性质稳定、不易分解、残留期长、不易溶于水、易溶于脂肪和有机溶剂,可通过大气和水等环境介质迁移而使全球受到污染,并可通过食物链的生物放大作用,最终危害人类健康。

有机氯农药的污染在全球普遍存在,对其处理的方法主要是针对一些农药残留很高的地区,采用一些方法加快其降解。微生物降解具有高效、安全、成本低、无二次污染等优点,具有广阔的发展前景,必将为环境治理起到积极的作用。通过诱变筛选具有有机氯农药降解能力的菌株,并将其播种到水体沉积物中,可以有效降解沉积物中的有机氯农药。

第二节　有机磷农药

一、概述

有机磷农药是指含磷元素的有机化合物农药,主要包括磷酸酯类或硫代磷酸酯两类,早期大部分是高效高毒品种,如对硫磷、甲胺磷、内吸磷等,而后逐步发展了许多高效低毒低残留品种,如乐果、敌百虫、马拉硫磷等,多为油状液体,有大蒜味,挥发性强,微溶于水,遇碱破坏,在农业生产中用于防治植物病、虫、草害,导致农作物中发生不同程度的残留。

体内的有机磷首先经过氧化和水解两种方式转化:氧化使其毒性增强,如对硫磷在肝脏被氧化为毒性较大的对氧磷;水解可使毒性降低,对硫磷在氧化的同时,被磷酸酯酶水解而失去作用。经氧化和水解后的代谢产物,部分再经葡萄糖醛酸与硫酸结合反应而随尿排出;部分水解产物对硝基酚或对硝基甲酚等直接经尿排出。

有机磷农药对害虫选择性强,作用快,降解快,对环境污染较轻,在体内不蓄积,残留低,对人、畜毒性低,但大量使用仍会造成对人体的毒害。

二、有机磷农药作用机理

有机磷毒物进入体内后迅速与体内的胆碱酯酶结合,生成磷酰化胆碱酯酶,使胆碱酯酶丧失水解乙酰胆碱的功能,导致胆碱能神经递质大量积聚,作用于胆碱受体,产生严重的神经功能紊乱,特别是呼吸功能障碍,从而影响生命活动。

有机磷与胆碱酯酶结合形成磷酰化胆碱酯酶有两种形式:一种形式结合不稳定,如对硫磷、内吸磷、甲拌磷等,部分可以水解复能;另一种形式结合稳定,如三甲苯磷、敌百虫、敌敌畏、对溴磷、马拉硫磷等,它使被抑制的胆碱酶不能再复能。胆碱酯酶不能复能,可以引起迟发影响,如引起周围神经和脊髓长束的轴索变性,发生迟发性周围神经病。

三、有机磷农药的危害

有机磷农药对副交感神经兴奋造成的 M 样作用,可使患者呼吸道大量腺体分泌,造成严重的肺水肿,加重缺氧,患者可因呼吸衰竭和缺氧而死亡。有机磷农药在胃内酸性条件下易与食物中的亚硝酸盐类反应生成亚硝基化合物而呈现诱变性和致突变性。

有机磷农药中毒主要表现为急性毒性,多发生于大剂量或反复接触之后,会出现一系列神经中毒症状,如出汗、震颤、精神错乱、语言失常,严重者会出现呼吸麻痹,甚至死亡。可直接损害心脏引起中毒性心肌炎,加上缺氧、电解质紊乱、酸中毒等间接加重心脏损害,甚至导致心源性猝死。同时中毒患者的交感神经和副交感神经功能紊乱,可引起心律失常。治疗时如阿托品用量过大,会造成患者心率过快而供血不足,心脏耗氧增加,导致心肌缺血性损害,心电活动的稳定性受到影响,故容易发生恶性心律失常,甚至发生猝死。其症状如下。

1. 胆碱能神经兴奋及症状

(1)毒蕈碱样症状　副交感神经末梢兴奋致平滑肌痉挛和腺体分泌增加。临床表现为恶心、呕吐、腹痛、多汗、流泪、流涕、流涎、腹泻、尿频、大小便失禁、心跳减慢和瞳孔缩小、支气管痉挛和分泌物增加、咳嗽、气急,严重者出现肺水肿。

(2)烟碱样症状　乙酰胆碱在横纹肌神经肌肉接头处过度蓄积和刺激,使面、眼睑、舌、四肢和全身横纹肌发生肌纤维颤动,甚至全身肌肉强直性痉挛。患者常有全身紧束和压迫感,而后发生肌力减退和瘫痪。严重者可有呼吸肌麻痹,造成周围性呼吸衰竭。此外,由于交感神经节受乙酰胆碱刺激,其节后交感神经纤维末梢释放儿茶酚胺使血管收缩,引起血压增高、心跳加快和心律失常。

(3)中枢神经系统症状　中枢神经系统受乙酰胆碱刺激后有头晕、头痛、疲乏、共济失调、烦躁不安、谵妄、抽搐和昏迷等症状,往往因呼吸中枢或呼吸肌麻痹而危及生命。

2. 中间综合征

中间综合征(IMS)是指有机磷农药在体内排出延迟,有机磷农药在体内再分布,或治疗时用药不足,使胆碱酯酶长时间受到抑制,蓄积于突触间隙内,高浓度乙酰胆碱持续刺激突触后膜上烟碱受体并使之失敏,导致冲动在神经肌肉接头处传递受阻,产生的一系列症状。一般在急性中毒 1~4 天后症状缓解,患者突然出现以呼吸肌、脑神经运动支配的肌肉以及肢体近端肌肉无力为特征的临床表现。患者发生颈、上肢和呼吸肌麻痹,累及颅神经者,出现睑下垂、眼外展障碍和面瘫。肌无力可造成周围呼吸衰竭,此时需要立即呼吸支持,如未及时干预则容易导致患者死亡。

3. 有机磷迟发性神经病

有机磷农药急性中毒一般无后遗症。个别患者在急性中毒症状消失后 2~3 周可发生迟发性神经病,主要累及肢体末端,且可发生下肢瘫痪、四肢肌肉萎缩等神经系统症状。目前认为这种病变不是由胆碱酯酶受抑制引起的,可能是由有机磷农药抑制神经靶酯酶,并使其老化所致。

4. 其他表现

敌敌畏、敌百虫、对硫磷、内吸磷等接触皮肤后可引起过敏性皮炎,并可出现水疱和脱皮,严重者可出现皮肤化学性烧伤,影响预后。有机磷农药滴入眼部可引起结膜充血和瞳孔缩小,流泪、恶心、呕吐、心动过缓、瞳孔缩小;严重时抑制呼吸中枢,支气管平滑肌痉挛,导致缺氧和窒息而死亡。

有机磷农药急性中毒可分为轻度中毒、中度中毒和重度中毒。

急性轻度中毒短时间内接触较大量的有机磷农药后,在 24 小时内出现头晕、头痛、恶心、呕吐、多汗、胸闷、视物模糊、无力等症状,瞳孔可能缩小。

急性中度中毒除较重的上述症状外,还有肌束震颤、瞳孔缩小,轻度呼吸困难、流涎、腹痛、腹泻、步态蹒跚、意识清楚或模糊。全血胆碱酯酶活性一般为 30%~50%。

急性重度中毒除上述症状外,还出现下列情况之一者,可诊断为重度中毒:①肺水肿;②昏迷;③呼吸麻痹;④脑水肿。

在急性重度中毒症状消失后 2~3 周,有的病例可出现感觉、运动型周围神经病,神经-肌电图检查显示神经源性损害。这种现象叫迟发性神经病。

有机磷农药慢性中毒突出的表现是神经衰弱症候群与胆碱酯酶活性降低。可引起支气管哮喘、过敏性皮炎及接触性皮炎,造成肝脏损伤及功能下降。

四、预防有机磷农药中毒

我国农药中毒高发的原因主要是生产工艺落后、保管不严、配制不当、任意滥用、操作不当、防护不良。预防的重点如下。

(1)改革农药生产工艺,特别是出料、包装实行自动化或半自动化。

（2）严格实施农药安全使用规程。①配药、拌种要有专用工具和容器,配制浓度恰当,防止污染环境。②喷药时遵守安全操作规程,喷药工具有专人保管和维修,防止堵塞、渗漏。③合理使用农药:剧毒农药不得用于成熟期的食用作物及果树治虫;食用作物或果树使用农药应严格规定使用期限;严禁滥用农药。

（3）农药实行专业管理和严格保管,防止滥用。

（4）加强个人防护与提高人群自我保健意识。

对农药中毒高危人群,如农药厂农药出料、包装工、检修工,以及农忙季节农药配制、施药人员,以血液胆碱酯酶作为筛检指标,定期进行农药中毒筛检。

对敌敌畏、敌百虫、马拉硫磷等急性中毒患者,在急性中毒症状消失后,以神经-肌电图进行筛检。早期发现迟发性周围神经病。

急性有机磷农药中毒病死率高,死亡有两个高峰:①抢救早期多因胆碱酯酶严重抑制而发生肺水肿、脑水肿及呼吸循环衰竭;②抢救后期可出现"反跳",多由洗胃不彻底,有机磷再吸收或阿托品停用过早引起;③恢复期可能发生猝死,原因尚未完全清楚,有的因并发症或心脏中毒性损害所致。因此,控制的重点在排毒与解毒。

第三节　拟除虫菊酯类农药

一、概述

拟除虫菊酯类农药是模拟天然除虫菊素人工合成的一类杀虫剂,有效成分是天然菊素,主要用于防治农业害虫。其杀虫谱广,残留低,无蓄积,同时还有杀螨、杀菌和抑制霉菌作用。拟除虫菊酯类杀虫药对昆虫的毒性比哺乳类动物高,有触杀和胃杀作用,是一种广谱高效的杀虫剂。除防治农作物害虫外,在防治蔬菜、果树害虫等方面取得较好的效果;对蚊、蟑螂、头虱等害虫亦有相当满意的灭杀效果。由于其应用范围广、数量大,接触人群多,所以中毒病例屡有发生。

在我国使用的拟除虫菊酯类农药有 20 多种,如氰戊菊酯、氯氰菊酯和溴氰菊酯等。拟除虫菊酯类农药多为黄色或黄褐色黏稠油状液体,易溶于有机溶剂,难溶于水,多不易挥发,在酸性溶液中可稳定存在,遇碱分解失效。

拟除虫菊酯类农药经呼吸道、皮肤和消化道侵入机体,进入血液后,立即分布于全身,特别是神经系统及肝肾等脏器浓度较高,但浓度的高低与中毒表现不一定呈正比。拟除虫菊酯农药在体内代谢和排泄较快,在肝微粒体混合功能氧化酶（MFO）和拟除虫菊酯酶的作用下,被氧化和水解生成酸、醇的水溶性代谢产物及结合物经肾排出体外,少数随大便排出,24 小时内排出 50% 以上,8 天内几乎全部排出,仅有微量残存于脂肪组织和肝脏中。

从事拟除虫菊酯类农药的生产、分装、运输、保管、销售,或在使用过程中配药、喷洒、修理或清洗药械,用手洗污染的工作服等,配制农药浓度过高、药械溢漏、徒手修理或用口吹喷嘴、逆风喷药、衣服或皮肤污染后未及时清洗等违规操作都会引起急性拟除虫菊酯类中毒。

二、拟除虫菊酯类农药的危害

拟除虫菊酯类农药中毒主要引起神经系统症状,改变神经细胞膜钠离子通道,使神经传导受阻,动物出现流涎、共济失调、痉挛等症状。

生产性中毒主要通过呼吸道和皮肤吸收,多在田间施药 4~6 小时后出现症状,首发症状多为面部皮肤灼痒或头昏,约半数面部出现烧灼感、针刺感或发麻、蚁走感,常于出汗或热水洗脸后加重,停止接触数小时或 10 小时后即可消失;少数患者皮肤出现红色丘疹伴痒感。全身症状最迟 48 小时出现,轻度中毒者全身症状为头痛、头晕、乏力、呕吐、食欲不振、精神萎靡或肌肉震颤,部分患者口腔分泌物增多,常于 1 周内恢复。

口服中毒发病较快,多于 10~60 分钟出现症状,主要为上腹部灼痛、恶心或呕吐等。眼污染者可立即引起眼痛、畏光、流泪、眼睑红肿及眼球结膜充血、水肿。面部烧灼感相对少见。多数患者出现胸闷、肢端发麻、心慌、视物模糊及多汗等症状,少数患者还出现低热。部分中毒患者四肢大块肌肉可出现粗大的肌束震颤。重度中毒患者出现意识模糊,严重者 15~20 分钟内即可陷入昏迷,常有频繁的阵发性抽搐,抽搐时上肢屈曲痉挛、下肢挺直、角弓反张、意识丧失,可持续 30~120 秒,而后出现短暂的定向力障碍并恢复意识。抽搐频繁者每日发作可多达 10~30 次,还可出现肺水肿,糜烂性胃炎。这些患者经救治后多能完全恢复,死亡率低,预后较好。

拟除虫菊酯类农药急性毒性一般为轻度中毒和中度中毒。轻度中毒有头痛、头晕、乏力、视物模糊、恶心、呕吐、流涎、多汗,食欲不振和瞳孔缩小。中度中毒除上述症状加重外,尚有肌纤维颤动。重度中毒可有昏迷、肺水肿、呼吸衰竭,心肌损害和肝、肾功能损害。一次接触氨基甲酸酯类杀虫药中毒后,血胆碱酯酶活力在 15 分钟下降到最低水平,30~40 分钟后可恢复到 50%~60%,60~120 分钟后胆碱酯酶基本恢复正常,随着胆碱酯酶活力的恢复,临床症状逐渐好转和消失,反复接触氨基甲酸酯类杀虫药,临床上可无中毒症状。

第六章　兽药残留对食品安全性的影响

兽药残留指兽药的母体化合物及（或）其代谢物，以及与兽药有关的杂质在动物食品的残留。按兽药化学成分，兽药分为抗生素类、磺胺类、呋喃类和激素类。

在养殖过程中，养殖场（户）普遍存在长期使用药物添加剂，不遵循用药剂量、给药途径、用药部位和用药动物种类等现象，导致兽药残留超标。

国家对有些兽药特别是药物饲料添加剂都规定了休药期，但是大部分养殖场（户）使用含药物添加剂的饲料时很少按规定施行休药期。屠宰前使用兽药来掩饰有病畜禽临床症状，以逃避宰前检验，造成肉食畜产品中的兽药残留。此外，在休药期结束前屠宰动物同样能造成兽药残留量超标。

《兽药管理条例》明确规定，标签必须写明兽药的主要成分及其含量等。可是有些兽药企业为了逃避报批，在产品中添加一些化学物质，但不在标签中说明，从而造成用户盲目用药。这些均可造成兽药残留超标。

抗生素在环境中的释放速度和释放程度决定环境污染的程度：有些抗生素在肉制品中缓慢降解，如链霉素即使加热也不会失去活性；有些抗生素发生降解后形成的产物会具有更大的毒性，如四环素类具有肝毒及溶血作用。动物用药后，一些性质稳定的药物随粪便、尿被排泄到环境中后仍能稳定存在，从而造成环境中的药物残留。

长期使用抗生素易造成畜禽机体免疫力下降，影响疫苗的接种效果，使体内一些非致病敏感菌株被抑制或死亡，造成人体内菌群的平衡失调，导致长期的腹泻或引起维生素缺乏等。菌群失调还容易造成病原菌的交替感染，使得具有选择性作用的抗生素及其他化学药物失去疗效，同时使耐药菌株大量繁殖，也使人体中细菌产生耐药性。此外，抗药性 R 质粒在菌株间横向转移使很多细菌由单重耐药发展到多重耐药。耐药性细菌的产生使得一些常用药物的疗效下降甚至失去疗效，如青霉素、氯霉素、庆大霉素、磺胺类等药物在畜禽中已大量产生抗药性，临床效果越来越差。还可引起畜禽内源性感染和二重感染，使得以往较少发生的细菌（大肠埃希菌、葡萄球菌、沙门氏菌）病转变成为家禽的主要传染病。

许多药物具有致癌、致畸、致突变作用。如丁苯咪唑、丙硫咪唑具有致畸作用；雌激素、克球酚、砷制剂、喹恶啉类、呋喃类等已被证明具有致癌作用；喹诺酮类药物的个别品种已在真核细胞内发现有致突变作用；磺胺二甲嘧啶等磺胺类药物在连续给药中能够诱发啮齿类动物甲状腺增生，并具有致肿瘤倾向；链霉素具有致畸作用。

许多抗菌药物如青霉素、四环素类、磺胺类和氨基糖苷类等能使部分人群发生过敏反应甚至休克,并在短时间内出现血压下降、皮疹、喉头水肿、呼吸困难等严重症状。

第一节　青霉素残留的危害

一、概述

青霉素(penicillin)是由青霉菌中提炼出来的分子中含有青霉烷、能破坏细菌的细胞壁并在细菌繁殖期起杀菌作用的一类抗生素。青霉素属于β-内酰胺类抗生素(β-lactams),包括青霉素、头孢菌素、碳青霉烯类、单环类、头霉素类等。

1928 年,英国科学家弗莱明用显微镜发现青霉菌培养皿周围的葡萄球菌菌落被溶解,想到青霉菌的分泌物能抑制葡萄球菌,弗莱明将此分泌的抑菌物质称为青霉素。他将青霉菌菌株一代代地培养,并于 1939 年将菌种提供给英国牛津大学病理学家霍华德·弗洛里和生物化学家钱恩。1940 年弗洛里和钱恩给 8 只小鼠注射了致死剂量的链球菌,然后给其中的 4 只用青霉素治疗。几个小时内,4 只用青霉素治疗过的小鼠还健康活着。此后一系列临床试验证实了青霉素对链球菌、白喉杆菌等多种细菌感染的疗效。

1941 年前后弗洛里和钱恩用冷冻干燥法提取了青霉素晶体,实现了对青霉素的分离与纯化。1945 年,弗莱明、弗洛里和钱恩因"发现青霉素及其临床效用"而共同荣获了诺贝尔生理学或医学奖。

青霉素可分为三代:第一代青霉素指天然青霉素,如青霉素 G(苄青霉素);第二代青霉素是指改变青霉素母核 6-氨基青霉烷酸(6-APA)侧链而得到的半合成青霉素,如甲氧苯青霉素、羧苄青霉素、氨苄青霉素;第三代青霉素是母核结构带有与青霉素相同的 β-内酰胺环,但不具有四氢噻唑环,如硫霉素、奴卡霉素。

青霉素内服易被胃酸和消化酶破坏,肌内注射或皮下注射后吸收较快,15~30 分钟达血药峰浓度,可广泛分布于组织、体液中,易进入有炎症的组织,胸、腹腔和关节腔液中浓度约为血清浓度的 50%。青霉素可通过胎盘,但难以透过血、脑脊液屏障,乳汁中可含有少量青霉素,不易进入眼、骨组织、无血供区域和脓腔中。血浆蛋白结合率为 45%~65%,血消除半衰期约为 30 分钟,肾功能减退者可延长至 2.5~10 小时,老年人和新生儿也可延长。青霉素约 19% 在肝内代谢,主要通过肾小管分泌排泄,肾功能正常情况下,给药量的 75% 于 6 小时内自肾脏排出,亦有少量经胆道排泄。血液透析可清除青霉素,而腹膜透析则不能。

青霉素的研制成功大大增强了人类抵抗细菌性感染的能力,开创了抗生素治疗疾病的新纪元。通过数十年的完善,青霉素针剂和口服青霉素已能分别治疗肺炎、脑膜炎、心内膜炎、白喉、炭疽等病。

二、青霉素的作用及机理

青霉素药理作用是干扰细菌细胞壁的合成。青霉素的结构与细胞壁的成分黏肽结构中的 D-丙氨酰-D-丙氨酸近似,可与细胞膜上的青霉素结合蛋白(PBP)结合,可与 D-丙氨酰-D-丙氨酸竞争转肽酶,阻碍黏肽的形成,造成细胞壁的缺损,使细菌失去细胞壁的渗透屏障,从而杀灭细菌。而人和动物的细胞没有细胞壁,所以青霉素能杀死病菌而不损害人体细胞,毒性很小,是化疗指数最大的抗生素。

青霉素为广谱抗生素,对多数革兰阳性菌、螺旋体、放线菌等有强大的抗菌作用,对革兰阴性菌如大肠杆菌、沙门氏菌等作用很弱,对结核分枝杆菌、病毒等无效,对耐药金黄色葡萄球菌也无效。

三、青霉素残留的危害

青霉素在各类抗生素中毒副作用最小,青霉素的副作用主要在于青霉素的杂质容易使人体过敏。青霉素不稳定,可以分解为青霉噻唑酸和青霉烯酸。前者可聚合成青霉噻唑酸聚合物,与多肽或蛋白质结合成青霉噻唑酸蛋白,为一种速发的过敏原,是产生过敏反应最主要的原因;后者还可与体内半胱氨酸形成迟发性致敏原——青霉烯酸蛋白。有药物过敏史或者变态反应性患者,用药时发生过敏的概率较高。

青霉素过敏反应较常见,在各种药物中居首位,发生率最高可达 5%～10%,表现为皮疹、血管性水肿,最严重的过敏反应为过敏性休克(I型变态反应),发生率为 0.004%～0.015%,多在注射后数分钟内发生,症状为呼吸困难、发绀、血压下降、昏迷、肢体强直,最后惊厥,抢救不及时可造成死亡。

一旦发生过敏性休克,应立即肌内注射 0.1%肾上腺素 0.5～1 mL,必要时以 5%葡萄糖或氯化钠注射液稀释做静脉注射,临床表现无改善者,半小时后重复一次。心跳停止者,肾上腺素可作心内注射。同时静脉滴注大剂量肾上腺皮质激素,并补充血容量;血压持久不升者给予多巴胺等血管活性药。亦可采用抗组胺药以减轻荨麻疹。有呼吸困难者予氧气吸入或人工呼吸,喉头水肿明显者应及时做气管切开。

青霉素各种给药途径都能引起过敏性休克,但以注射用药的发生率最高。对青霉素高度过敏者,极微量亦能引起过敏性休克,可致癫痫样发作。大剂量长时间注射青霉素对中枢神经系统有毒性(如引起抽搐、昏迷等),停药或降低剂量可以恢复。临床使用过程中,应该尽量避免使用酸性的葡萄糖注射液做溶媒,而在使用 0.9% 的氯化钠做溶媒时,也应该做到现用现配,否则放置时间过长,也会引起青霉素的分解,而致过敏反应发生。

青霉素Ⅱ型变态反应为溶血性贫血、药疹、接触性皮炎、间质性肾炎、哮喘发作等,Ⅲ型变态反应即血清病型反应亦较常见,发生率为 1%～7%。

青霉素过敏试验主要是皮肤试验(简称青霉素皮试),皮试本身也有一定的危险性,约有 25% 的过敏性休克患者死于皮试。此外,局部应用易致敏,且细菌易产生抗药性,故不提倡。

青霉素肌内注射区可发生周围神经炎,鞘内注射超过 2 万单位或静脉滴注大剂量青霉素可引起肌肉痉挛、抽搐、昏迷等反应,此反应多见于婴儿、老年人和肾功能减退的患者。

青霉素脑病是青霉素的一种少见中枢神经系统毒性反应,通常青霉素仅有少量通过血脑屏障,但在用量过大,静脉滴注速度过快时,大量药物迅速进入脑组织,干扰正常的神经功能,出现反射亢进、知觉障碍、幻觉、抽搐、昏睡等,称为"青霉素脑病"。其原因是药物抑制了中枢神经抑制性递质 γ-氨基丁酸的合成和转运,并抑制中枢神经细胞 Na^+-K^+-ATP 酶,使静息膜电位降低。也可能与青霉素钠盐中的阳离子有关,认为钠、锂、铵、锶、钙、镁、钾的毒性作用依次增大,此外与制剂纯度、个体差异、药物剂量、注射方法、药物速度相关。有的学者证明青霉素 G 在脑脊液中的浓度达到 8～10 U/mL,即可出现毒性反应,有人认为血脑屏障机能差是主要原因。

青霉素进入机体后 90% 由肾脏排出,儿童和老年人因为药物易于透过其血脑屏障,肾功能差,使其半衰期延长,血中浓度增高,毒性增加,发生神经毒性作用。青霉素脑病发病率较高。

青霉素偶可致精神病发作,应用普鲁卡因青霉素后,个别患者可出现焦虑、发热、呼吸急促、高血压、心率快、幻觉、抽搐、昏迷等。

用青霉素治疗期间可出现耐青霉素金黄色葡萄球菌、革兰阴性杆菌或白念珠菌感染,念珠菌过度繁殖可使舌苔呈棕色甚至黑色。

静脉给予大量青霉素钾时,可发生高钾血症或钾中毒。大剂量给予青霉素钠,尤其是对肾功能减退或心功能不全患者,可造成高钠血症。每日给予患者 1 亿单位青霉素钠后,少数患者可出现低钾血症、代谢性碱中毒和高钠血症。

用青霉素治疗梅毒、钩端螺旋体病或其他感染时可有症状加剧现象,称为赫氏反应,是大量病原体被杀灭引起的全身反应。梅毒患者由于治疗后梅毒病灶消失过快,但组织修补较慢,或纤维组织收缩,会妨碍器官功能。

青霉素残留会使部分病菌的耐药性增强。金黄色葡萄球菌对青霉素最易产生耐药性。细菌产生 β-内酰胺酶,与青霉素迅速牢固结合,使青霉素水解灭活,停留于胞膜外间隙中,细菌的细胞壁或外膜对青霉素类的渗透性减弱,细菌体内青霉素作用靶位——青霉素结合蛋白发生改变,使青霉素不能或很少进入细菌体内,从而不能发生抗菌作用。

氨苄青霉素是青霉素类药中分解最快、过敏反应发生率最高的一种,尤其在酸性环境中和血药浓度高的情况下,更易发生氨苄青霉素分解产物、叠合物堆积所致的过敏性药疹、过敏性休克,在临床使用氨苄青霉素时,还应注意以下几点。

氨苄青霉素过敏反应多为迟发性,皮试阴性,并不意味着不过敏,可在连续用药数天后才出现过敏性药疹,致过敏性休克。对过敏性药疹,在停药后使用息斯敏、苯海拉明、地塞米松时可以解决。对突然发生呼吸困难、寒战发热、血压下降、心率加快等症状者,要立即停药,并给氧,使用肾上腺素、地塞米松、葡萄糖酸钙等药抢救。

氨苄青霉素宜短期使用,切忌长期大量给药,以免血药浓度持续升高,导致致敏物质的形成与堆积,造成过敏反应。

氨苄青霉素宜在足量生理盐水中充分溶解后静脉滴注。一般而言,4 g 的氨苄青霉素需在 300 mL 的生理盐水(0.9%氯化钠注射液)中溶解。绝对不能溶解在高渗糖(浓度大于 5%的葡萄糖注射液)中进行静脉滴注。因糖呈酸性,不仅可降低氨苄青霉素的抑菌、杀菌能力,而且可促使其自身分解,增加致敏机会。

痛风、尿毒症、糖尿病酮症酸中毒和乳酸中毒患者应尽量少用或不用氨苄青霉素。原因也是氨苄青霉素在酸性环境中可促使自身分解而增加致敏可能。患者本身为过敏体质者,应避免使用。

氨苄青霉素通常静脉给药,宜慢不宜快,以每分钟不超过 60 滴的速度静脉滴注,以免血药浓度增高过快而增加分解过敏的可能。

第二节　氨基糖苷类抗生素

一、概述

氨基糖苷类抗生素是由两个或三个氨基糖分子和一个非糖部分(称为苷元)的氨基环醇通过醚键连接而成的,分为天然和半合成两大类。天然的包括由链霉菌属培养液中提取的链霉素、卡那霉素、妥布霉素、新霉素、大观霉素等,由小单孢菌属培养液中提取获得的庆大霉素、西索米星、小诺米星等。人工半合成的主要有阿米卡星、奈替米星等。

氨基糖苷类抗生素可分为三代,第一代以链霉素为代表,1944 年发现,目前作为一线抗结核药,新霉素口服用于肠道消毒,其他均已少用。第二代以 1963 年发现的庆大霉素、1967 年发现的妥布霉素为代表,抗菌作用有所增强。第三代均为氨基环醇上氮位取代衍生物。

氨基糖苷类(aminoglycosides)抗生素抗菌谱广,主要对金黄色葡萄球菌和需氧革兰阴性杆菌,包括铜绿假单胞菌有强大的抗菌作用,对沙雷菌属、产碱杆菌属、布鲁杆菌、沙门杆菌、嗜血杆菌、痢疾杆菌以及结核分枝杆菌、其他分枝杆菌属亦具有良好的抗菌作用,但对革兰阴性球菌如淋球菌、脑膜炎球菌的作用差,各型链球菌、肠球菌及各种厌氧菌对该类抗生素耐药。氨基糖苷类抗生素与β-内酰胺类抗生素有协同作用。

细菌与一定浓度的抗生素接触后,当抗生素浓度下降至消失时,它对细菌生长仍有持续性抑制效应,称为抗生素后效应(post antibiotic effect,PAE)。氨基糖苷类抗生素对革兰阴性杆菌和革兰阳性球菌有明显的抗生素后效应。

氨基糖苷类抗生素是强极性化合物,脂溶性很小,故口服胃肠不吸收或很少吸收,血药浓度低,仅作胃肠消毒用,而常作肌内注射和静脉滴注。该类抗生素除链霉素外,与血浆蛋白结合率低于10%。多数主要分布于细胞外液,胞内浓度较低,但在肾皮质,内耳内外淋巴液中有高浓度蓄积。原形由肾小球滤过排泄,尿药浓度为血药峰浓度的25～100倍,肾功能衰竭时应注意调整剂量及时间。

二、抗菌作用机理

氨基糖苷类抗生素是杀菌药,选择性地与核糖体30S亚基上的靶蛋白结合,抑制70S始动复合物的形成;诱导错误匹配,合成功能异常或无功能的蛋白质;阻止终止密码子与核蛋白体结合,使已合成的肽链不能释放,并阻止70S核糖体解离,造成细菌体内核糖体耗竭,从而阻碍细菌的蛋白质合成。另外,还可通过离子吸附作用附着于细菌表面而造成胞膜缺损,胞膜通透性增加,胞内钾离子、核苷酸、酶等重要物质外漏而导致细菌死亡。

三、氨基糖苷类抗生素残留的危害

细菌对氨基糖苷类抗生素可产生耐药性,相互间存在部分或完全的交叉耐药。耐药性主要通过质粒介导产生钝化酶,使其结构中的游离羟基磷酸化或核苷化,使游离氨基乙酰化,从而失去抗菌活性,该类多种抗生素可被同一种酶钝化,而同一种该类抗生素又可被多种酶钝化。

细菌细胞壁通透性的改变和胞内转运功能的异常是细菌对氨基糖苷类抗生素产生耐药性的原因之一。另外,肠球菌属细菌和结核分枝杆菌的突变株对链霉素靶位蛋白修饰,使链霉素不能与之结合而发生耐药。

氨基糖苷类抗生素以神经毒著称,主要对第八对脑神经造成损害,损害前庭和耳蜗神经,导致眩晕和听力减退,出现步态不稳、平衡失调和耳聋等病症;耳毒性发生机制是高浓度的氨基糖苷类抗生素阻碍了内耳柯蒂氏器内外毛细胞的糖代谢和能量利用,导

致细胞膜 Na^+-K^+-ATP 酶功能障碍,使毛细胞受损。为防止和减少耳毒性的发生,应避免同时使用有耳毒性的药物(呋塞米、依他尼酸、红霉素、甘露醇、镇吐药、顺铂等),也应避免与能掩盖其耳毒性的苯海拉明、美克洛嗪、布克力嗪等抗组胺药合用,最好监测治疗剂量的血药浓度,使血药峰浓度不超过 12 mg/L,药谷浓度不高于 2 mg/L。

氨基糖苷类抗生素具有阻滞神经肌肉终板的箭毒样作用,造成肌肉麻痹和肢体瘫痪。

氨基糖苷类抗生素主要经肾排泄和在肾皮质内蓄积,损害近曲小管上皮细胞,造成近曲肾小管次级溶酶体增多,线粒体肿胀,刷状缘微绒毛脱落,中毒初期表现为蛋白尿、管型尿,严重者可发生氮质血症及无尿等,发生率由大到小依次为:新霉素;妥布霉素;庆大霉素、奈替米星、阿米卡星;链霉素。

大剂量腹膜内或胸膜内应用氨基糖苷类抗生素后可引起心肌抑制、血压下降、肢体瘫痪和呼吸衰竭,偶见于肌内或静脉注射后。其发生率由大到小依次为妥布霉素、庆大霉素、阿米卡星、卡那霉素、链霉素、新霉素、奈替米星。原因是氨基糖苷类抗生素与钙离子络合,或与钙离子竞争,抑制神经末梢释放乙酰胆碱,并降低突触后膜对乙酰胆碱的敏感性,使神经肌肉接头处传递阻断,肾功能减退、血钙过低,同时使用肌松剂、全身麻醉药时易发生,重症肌无力患者尤易发生。

氨基糖苷类抗生素尤其是链霉素能引起变态反应,偶见严重的过敏性休克,中性粒细胞、血小板下降,贫血、血清转氨酶升高,面部、口腔周围发麻及周围神经炎等反应。

氨基糖苷类抗生素不主张静脉给药,以免因血药浓度骤升引起呼吸骤停而死亡。

第三节 四环素类抗生素

一、概述

四环素类抗生素是由放线菌产生的一类广谱抗生素,因具有共同的基本母核(氢化骈四苯)而得名。四环素类抗生素是两性物质,可与碱或酸结合成盐,在碱性水溶液中易降解,在酸性水溶液中则较稳定,故临床上一般用其盐酸盐。

四环素类抗生素可分为天然产品和半合成品两类:天然产品有金霉素、土霉素、四环素和去甲金霉素(图 6.1),半合成品有甲烯土霉素、强力霉素和二甲胺四环素等。

二、四环素类抗生素的作用及机理

四环素类抗生素的作用机理是,四环素分子通过一个或多个膜系统(革兰阳和阴性

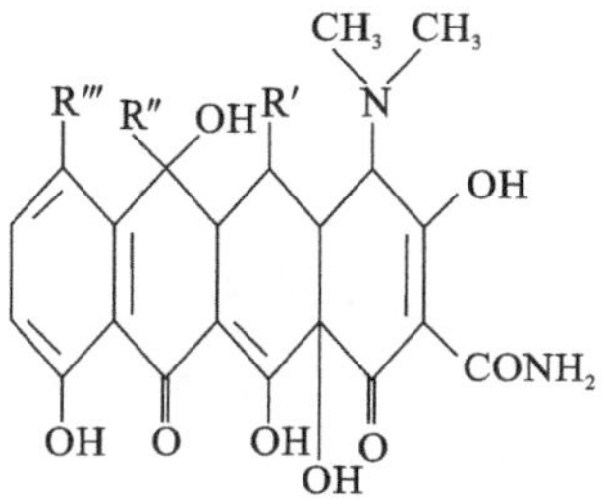

R′=R″=H，R‴=CH₃：四环素
R′=O，R″=CH₃，R‴=H：氧四环素(土霉素)
R′=H，R″=CH₃，R‴=Cl：金霉素
R′=R″=H，R‴=Cl：去甲金霉素

图 6.1　四环素类抗生素的结构

菌各自具有不同的膜系统)，特异地与细菌核糖体 30S 亚基的 A 位置结合，阻止氨基酰-tRNA 在该位上的联结，从而抑制肽链的增长，影响细菌蛋白质的合成，从而达到杀菌作用。

四环素类药物穿越革兰阳性菌细胞质膜的方式是形成电中性亲脂分子，此过程由细胞内外的 H⁺ 浓度差驱动。在细胞质中 H⁺ 和二价阳离子浓度都高于细胞外，所以细胞质内的四环素分子可能被螯合，形成 Mg^{2+}-四环素复合物与核糖体结合。

四环素类抗生素为广谱抑菌剂，高浓度时具杀菌作用。除了常见的革兰阳性菌、革兰阴性菌以及厌氧菌外，多数立克次体属、支原体属、衣原体属、螺旋体也对四环素类抗生素敏感。四环素类抗生素对革兰阳性菌的作用优于革兰阴性菌。

四环素类抗生素可用于恶性肿瘤的诊断。四环素类药物对胃、肺、膀胱、口腔黏膜等部位的癌组织具有很强的亲和力，进入人体后能迅速被癌细胞摄取蓄积，血液中其浓度相对较低，且从尿中排泄较正常人延缓。利用四环素在紫外线激发下能发出荧光的特点，可辅助诊断恶性肿瘤。

四环素类抗生素可用于各种囊肿。四环素溶液具有较强的酸性(pH 2～3.5)，用作硬化剂注射于各种囊肿的囊腔内，可引起浆膜发生充血水肿、纤维渗出等化学性炎症反应，破坏各种浆液的病理性分泌，促进纤维渗出等化学性炎症反应，促进纤维化粘连，闭合囊肿腔。临床上用于坐骨结节囊肿、腘窝囊肿、腱鞘囊肿、甲状腺囊肿、睾丸和前庭大腺囊肿、肝和肾囊肿等，方法简便，治愈率高，可避免手术痛苦，是目前首选治疗方案。

三、四环素类抗生素残留对人体的危害性

1. 引起耐药性

由于四环素类抗生素的广泛应用，葡萄球菌等革兰阳性菌及肠杆菌属等革兰阴性杆菌对四环素多数耐药，并且同类品种之间存在交叉耐药性。其耐药机制主要是细菌外排药物和核糖体保护。

革兰阳性菌和革兰阴性菌都有外输泵基因,而且大部分外输泵基因都具有四环素抗性。现在已经明确了 29 个不同的 tet 基因和 3 个 otr 基因,其中 18 种 tet 基因和 1 种 otr 基因编码外输泵,7 种 tet 基因和 1 种 otr 基因即 otr(A)编码核糖体保护蛋白,1 种 tet 基因即 tet(X)编码一种修饰或钝化四环素的酶。

所有 tet 外输泵基因都编码膜相关蛋白,将四环素泵出胞外,从而降低了胞内药物浓度,保护了胞内的核糖体,从而产生耐药性。每个 tet 外输泵基因都编码约 46 ku 膜结合外输泵蛋白,这些蛋白质依据氨基酸的同源性可分为 6 个群:第 1 群蛋白具有 12 个跨膜 α-螺旋,其四环素抗性蛋白具有 41%~78% 的氨基酸同源性,而它们的四环素阻抑蛋白具有 37%~88% 的氨基酸同源性。该群蛋白质的基因大部分只存在于革兰阴性菌中,只有 tet(Z)存在于革兰阳性菌中。许多外输泵蛋白存在于双分子脂膜中,以亲水氨基酸环凸出到周质和细胞质空间,外输泵蛋白逆浓度梯度将四环素-阳离子复合物泵出胞外。

革兰阴性菌外输泵基因大都来源于不同的不相容质粒群,通常与大质粒相连,且大多为结合性质粒。这些质粒通常也携带其他抗性基因(如抗金属基因)和病原因子基因(如毒素基因)。因此,介导任何一种抗性因子就是传递携带多重抗性的质粒,这一交叉选择的现象可能是细菌多重耐药现象日趋严重的重要原因之一。

第 2 群蛋白质包括 Tet(K)和 Tet(L)。该群蛋白质具有 14 个跨膜 α-螺旋,它们具有 58%~59% 的氨基酸同源性。这些蛋白质主要存在于革兰阳性菌中。tet(K)和 tet(L)基因主要存在于小的传递性质粒中,它们偶尔会整合入葡萄球菌染色体、枯草杆菌染色体或金黄色葡萄球菌的大质粒中。葡萄球菌的大质粒携带 tet(K)不常见,而小质粒携带 tet(K)基因则较普遍。

第 3 群蛋白质包括 Otr(B)和 Tcr3,发现于链霉菌属,这些蛋白质与第 2 群蛋白质的拓扑结构相似,具 14 个跨膜 α-螺旋。

第 4 群蛋白质包括 TetA(P),分离于梭菌属,具有 12 个跨膜 α-螺旋。

第 5 群蛋白质包括从耻垢分枝杆菌分离到的 Tet(V)。

第 6 群蛋白质包括从纹带棒状杆菌分离到的未命名的蛋白质,被认为是利用 ATP 而不是质子泵作为能源的。

细菌细胞质中有 9 种核糖体保护蛋白,保护核糖体免受四环素作用,使细菌具有抵抗多西环素和美诺霉素的能力,且耐药谱广泛。核糖体保护蛋白与核糖体结合可引起核糖体构型的改变,使四环素不能与其结合,但并不改变或阻止蛋白质的合成。GTP 水解可提供核糖体构型变化所需的能量。核糖体保护蛋白与延伸因子 EF-Tu 和 EF-G 具有同源性,它们与核糖体的结合是竞争性的。核糖体保护蛋白和 EF-G 在核糖体上有重叠的结合位点,竞争性抑制 EF-G 与核糖体结合。

Tet(M)和 Tet(O)蛋白是研究得最多的核糖体保护蛋白,它们具有核糖体依赖的 GTP 水解酶活性。

尽管在这一群中只有两个蛋白质被广泛研究,但其他核糖体保护蛋白的氨基酸序列与 Tet(M)和 Tet(O)具有相似性,因此也可能具有 GTP 水解酶活性,以同样的方式与四环素和核糖体相互作用。

tet(X)基因是唯一通过产生灭活四环素的酶而耐药的。已报道两株厌氧拟杆菌转座子上携带有 tet(X)基因。tet(X)产生 44 ku 胞浆蛋白,它在氧和 NADPH 存在时可化学修饰四环素。

Tet(U)蛋白有低水平的耐四环素能力,其基因编码的 11.8 ku 蛋白质包括 105 个氨基酸。链霉菌 otr(C)基因并不编码外输泵和核糖体保护蛋白,但 otr(C)是否与 tet(X)类似,编码钝化酶,或与 tet(U)类似,具有一种新的耐药机制尚不明确。

2. 引起二重感染

四环素类抗生素可抑制正常分布于体内的某些部位(如口腔、上呼吸道、肠道等处)的敏感细菌,使正常菌群平衡破坏,一些耐药细菌和真菌得以大量繁殖,造成二重感染,发生率为 2%～3%。大剂量静脉滴注,因药物可随胆汁排入肠道,亦可引起二重感染,一般多见于老、幼、体质衰弱、抵抗力低的患者。特别是在合并使用肾上腺皮质激素等药物时更易发生。

3. 其他危害

(1) 对骨、牙生长的影响 四环素类抗生素能与新形成的钙质结合,引起牙釉质发育不全、着色,并易形成龋齿,其损害程度可因药物、剂量和年龄等而异。其中土霉素和强力霉素的毒性远小于去甲金霉素和四环素。怀孕 5 个月以上或哺乳期妇女以及小于 8 岁的小儿,应避免使用本类抗生素。

(2) 对肝脏的毒性 四环素类抗生素(每日超过 2 g)大剂量长期口服或静脉内给药可引起肝脏损害,肝内有广泛性空泡性脂肪浸润,可产生脂肪肝,其中以金霉素多见,土霉素及四环素次之。孕妇伴有肾功能不良者尤易发生,有时可致死。成人静脉给药每日不应超过 1 g,禁用于肾衰竭患者或孕妇。

(3) 对消化系统的影响 四环素类抗生素大剂量长期口服或静脉内给药,给药最初几天可出现恶心、呕吐、上腹不适、胃肠充气、厌食腹泻等症状。以金霉素最为明显,土霉素次之,四环素最轻。其发生率与剂量有关。

(4) 肾毒性 肾功能不全患者如连续使用四环素类抗生素,半衰期可显著延长,蓄积体内可引起氮质血症、血磷过高、酸中毒、体重减轻、食欲不振、恶心、呕吐、尿氮和钠排出增多等不良后果。

(5) 四环素类抗生素偶尔还可引起药热和皮疹等过敏反应。常见者有荨麻疹、多形性红斑、湿疹样红斑等,有时也可见血管神经性水肿、丘疱疹、固定性红斑及轻症剥脱性皮炎等。

(6) 静脉注射可引起静脉炎和血栓形成。金霉素盐酸刺激性最强,土霉素次之,四环素最轻。

（7）婴儿应用四环素类抗生素可出现前囟隆起及视乳头水肿，成人可出现头痛、恶心、呕吐、眩晕、视物模糊、复视，颅内压增高，停药后可恢复。四环素易透过胎盘，动物实验有致畸作用。

（8）四环素类抗生素治疗急性布氏杆菌病时可能发生赫氏反应，症状有寒战、发热、虚脱等，此与病原菌被杀死后释放出大量毒素有关。

第四节　氯霉素类抗生素

一、概述

氯霉素类抗生素是从委内瑞拉链霉菌中分离提取得到的一种广谱抗生素，为白色至微黄色细针状或片状结晶，无臭，味极苦，难溶于水，易溶于乙醇、丙酮，微溶于苯与石油醚。干燥状态下可保持抗菌活性5年以上。其饱和水溶液在冰箱中或室温避光条件下可保持活力数月，碱性环境易破坏其抗菌活性，对热很稳定。

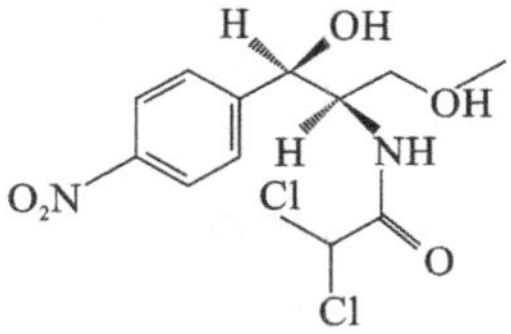

图 6.2　氯霉素的结构

氯霉素（图6.2）具有广谱抗菌作用：对草绿色链球菌、白喉杆菌、炭疽杆菌、金黄色葡萄球菌、溶血性链球菌、肺炎链球菌等需氧革兰阳性菌有抗菌作用；对流感杆菌、志贺氏菌属、百日咳杆菌、淋球菌及脑膜炎球菌等需氧革兰阴性菌也有良好抗菌作用。氯霉素对大部分立克次体、衣原体有效，但对绿脓杆菌、吲哚阳性变形杆菌、结核菌、真菌、病毒及原虫则均无抑制作用。

20世纪70年代以来，由于流感杆菌和脆弱拟杆菌对氨苄青霉素耐药，引起的感染临床治疗较困难，而氯霉素对这类感染有较好疗效，所以现在临床上氯霉素主要用于上述感染性疾病和伤寒的治疗。

二、氯霉素的作用机理及用途

细菌细胞的70S核糖体是合成蛋白质的主要细胞成分，它包括50S和30S两个亚基。氯霉素通过可逆地与50S亚基结合，阻断转肽酰酶的作用，干扰带有氨基酸的氨基酰-tRNA终端与50S亚基结合，从而使新肽链的形成受阻，抑制蛋白质合成。由于氯霉素还可与人体线粒体的70S结合，因而也可抑制人体线粒体的蛋白质合成，对人体产生毒性。因为氯霉素对 70S 核糖体的结合是可逆的,故被认为是抑菌性抗生素,但在高浓度时对某些细菌亦可产生杀菌作用,对流感杆菌甚至在较低浓度时即可产生杀菌作用。

氯霉素在胃肠道吸收良好,口服 1～2 小时在血中可达最高浓度。药物在体内容易进入心包液、胸液、关节腔液、眼房水及脑脊液。眼局部滴用可使房水内药物达到有效抑菌浓度,故氯霉素常制成滴眼剂使用。正常脑脊液内的药物浓度可达血药浓度的 40%～65%,当脑脊液有炎症时其浓度可与血药浓度近似。由于氯霉素的亲脂性强,脑组织中的浓度可达血药浓度的 9 倍,所以氯霉素特别适合治疗细菌性脑膜炎与脑脓肿。

氯霉素进入人体后 90% 以上在肝内与葡萄糖醛酸结合形成复合物,无毒亦无抗菌活性,主要由肾脏肾小管分泌排出,当肾功能不良时,此复合物在体内含量将增加。体内 10% 具有抗菌活性的游离氯霉素用于治疗泌尿系统感染,经肾小球滤过排出,当有肝功能不良时,体内的游离氯霉素浓度可明显增高,毒副作用显著增大。氯霉素的半衰期为 1～4.5 小时(平均 3 小时),婴幼儿的半衰期较成年人长。

三、氯霉素残留的危害

长期使用氯霉素,各类细菌可不同程度地对其产生耐药性,耐药性产生的机理是菌体内带有耐药遗传基因的质粒产生了氯霉素乙酰转换酶,使氯霉素中丙二醇基因的 3-羟位乙酰化,氯霉素因此不能与细菌核糖体的 50S 亚基结合而失去活性。这种耐药遗传基因还可通过结合或移位等方式传递给同属或不同属的敏感菌使其变为耐药菌,不过,已获得耐药性的菌株,在停用药物一段时间后,其耐药性可以消失而重新变为敏感菌。

再生障碍性贫血是氯霉素最严重的一种危害,氯霉素毒害人体造血系统,尤其是对颗粒性白细胞具有极强的杀伤作用,抑制红细胞成熟,如果一次性食入过多或者长时间摄入,就非常容易导致再生障碍性贫血,特别是对新生儿、早产儿、敏感人群以及肝肾功能缺失的患者更加明显。多在用药后 2～8 周发生,死亡率超过 50%,表现为不可逆的全部血细胞减少。其发生与用药剂量无固定关系,发病机理尚不清楚。

氯霉素另一种危害为中毒性骨髓抑制,其发病机理是骨髓细胞线粒体合成蛋白质的功能受到暂时抑制,临床表现为贫血或伴有白细胞、血小板减少。其发生与用药剂量密切相关,当血药浓度超过 25 μg/mL 时容易产生此症,但停药后可恢复。

氯霉素会导致灰婴综合征。早产儿或新生儿的肝脏葡萄糖醛酸的结合能力不足和肾小球滤过氯霉素的能力低下,接受大剂量氯霉素后使体内的游离氯霉素浓度显著增高,直接抑制细胞线粒体的氧化磷酸化过程,引起全身循环衰竭、腹胀、呕吐、皮肤苍白、发绀、循环及呼吸障碍,常在发病数小时后死亡。

氯霉素残留影响消化系统、神经系统,导致恶心、呕吐、腹泻、纳差等,少数患者可出现视神经炎或伴有周围神经炎。极少患者有头痛、抑郁、精神障碍。

由于氯霉素可引起严重的毒副作用,故临床上仅用于敏感伤寒菌株引起的伤寒感染、流感杆菌感染、重症脆弱拟杆菌感染、脑脓肿、肺炎链球菌或脑膜炎球菌性脑膜炎,对青霉素过敏的患者,疗程不宜过长,既往有药物引起血液学异常病史的患者禁用。所有使用氯霉素治疗的患者在开始治疗时都必须检查白细胞、网织细胞与血小板,并且每3～4天复查一次,若出现白细胞减少应立即停药。婴幼儿使用氯霉素应十分谨慎,除非无其他药物替代时才可考虑,有条件时可进行血药浓度监测。

第五节　喹诺酮类药物

一、概述

喹诺酮类又称吡酮酸类或吡啶酮酸类,是人工合成的含 4-喹诺酮基本结构的抗菌药。1979 年合成诺氟沙星,随后又合成一系列含氟的新喹诺酮类药物,通称为氟喹诺酮类,主要作用于革兰阴性菌,对革兰阳性菌的作用较弱(某些品种对金黄色葡萄球菌有较好的抗菌作用)。

按发明先后及抗菌性能的不同,喹诺酮类药物分为以下四代。

第一代喹诺酮类,如萘啶酸(nalidixic acid)和吡咯酸(piromidic acid)等,只对大肠杆菌、痢疾杆菌、克雷白杆菌、少部分变形杆菌有抗菌作用,因疗效不佳现已少用。

第二代喹诺酮类,如吡哌酸、新恶酸(cinoxacin)和甲氧恶喹酸(miloxacin),是国内外主要生产、应用的种类。其抗菌谱比第一代喹诺酮类有所扩大,对肠杆菌属、枸橼酸杆菌、绿脓杆菌、沙雷杆菌有一定抗菌作用。

第三代喹诺酮类,如诺氟沙星、氧氟沙星(ofloxacin)、培氟沙星(pefloxacin)、依诺沙星(enoxacin)、环丙沙星(ciprofloxacin)等,其抗菌谱进一步扩大,对一些革兰阴性菌的抗菌作用进一步加强。对葡萄球菌等革兰阳性菌也有抗菌作用,分子中均有氟原子,因此称为氟喹诺酮。其广泛用于泌尿生殖系统疾病、胃肠疾病,以及呼吸道、皮肤组织的革兰阴性细菌感染的治疗。

第四代喹诺酮类药物,如加替沙星与莫西沙星,是对前三代进行结构修饰,引入 8-甲氧基,有助于加强抗厌氧菌活性,而 C-7 位上的氮双氧环结构则加强抗革兰阳性菌活性并保持原有的抗革兰阴性菌的活性,不良反应更小,但价格较贵。对革兰阳性菌抗菌活性增强,对厌氧菌包括脆弱拟杆菌的作用增强,对典型病原体如肺炎支原体、肺炎衣原体、军团菌以及结核分枝杆菌的作用增强。多数第四代喹诺酮类药物半衰期延长。

喹诺酮类药物抗菌谱广,尤其对需氧的革兰阴性杆菌包括铜绿假单胞菌有强大的杀菌作用,对金黄色葡萄球菌也有良好抗菌作用。某些品种对结核分枝杆菌、支原体、衣原体及厌氧菌也有良好抗菌作用。

喹诺酮类药物口服吸收良好,体内分布广,血浆蛋白结合率低,血浆半衰期相对较长。部分以原形经肾排泄,尿药浓度高,部分经由肝脏代谢。适用于敏感病原菌(如金黄色葡萄球菌、铜绿假单胞菌、肠道革兰阴性杆菌、弯曲菌属和淋病奈瑟菌等)所致泌尿系统感染、前列腺感染、淋病、呼吸道感染、胃肠道感染及骨、关节、软组织感染。

二、喹诺酮类药物作用机理及应用

细菌 DNA 拓扑异构酶分为两大类:第一类有拓扑异构酶Ⅰ和拓扑异构酶Ⅲ,主要参与 DNA 的松解;第二类包括拓扑异构酶Ⅱ和拓扑异构酶Ⅳ,拓扑异构酶Ⅱ又称 DNA 促旋酶,该酶使细菌的双股 DNA 扭曲成为袢状或螺旋状(称为超螺旋),催化 DNA 负超螺旋和连锁的分离,复制姐妹染色体,对 DNA 的复制和转录及染色体的分离很重要。拓扑异构酶Ⅳ为解链酶,在 DNA 复制循环的末期,引起超螺旋 DNA 的松解,解开姐妹复制子连环体,分离染色体,将缠绕的子代染色体释放,促进子代染色体分配到子代细菌中。

DNA 促旋酶和拓扑异构酶Ⅳ都是细菌生长所必需的酶,其中任一种酶受到抑制都将使细胞生长被抑制,最终导致细胞死亡。对大多数革兰阴性细菌,DNA 促旋酶是喹诺酮类药物的主要靶酶,喹诺酮类妨碍此酶,造成细菌 DNA 不能复制。而对于大多数革兰阳性细菌,喹诺酮类药物主要抑制细菌的拓扑异构酶Ⅳ,而使细菌细胞不再分裂。氟喹诺酮类药物通过嵌入断裂 DNA 链中间,形成 DNA-拓扑异构酶-氟喹诺酮类复合物,阻止 DNA 拓扑异构酶变化,妨碍细菌 DNA 复制、转录,以达到杀菌目的。

深入研究发现,细菌 DNA 被切断后,末端与酶第 122 位酪氨酸结合,该位点在空间上与第 88 位氨基酸相邻,第 88 位氨基酸与周边氨基酸共同构成氟喹诺酮类药物结合位点,该区域被称为喹诺酮类耐药决定区(QRDR)。

喹诺酮类药物是一类人畜通用的药物。因其具有抗菌谱广、抗菌活性强、与其他抗菌药物无交叉耐药性和毒副作用小等特点,被广泛应用于畜牧、水产等养殖业中,包括在鸡、鸭、鹅、猪、牛、羊、鱼、虾、蟹等的养殖中用于疾病防治。

三、喹诺酮类药物残留的危害

随着氟喹诺酮类药物的广泛应用,喹诺酮类药物在动物组织中残留,人食用动物组织后喹诺酮类药物就在人体内残留蓄积,造成人体对该药物的严重耐药性,诱导耐药性的传递。药物靶位及编码基因的突变,主动外排泵系统,低渗透性作用,生物膜形成是耐药性形成的原因。

DNA 促旋酶由两对亚基 GyrA 和 GyrB 组成,分别由 gyrA 和 gyrB 基因编码,GyrA 参与 DNA 的断裂与重新连接,而 GyrB 则参与 ATP 酶水解,提供反应的能量,其中任一亚基的基因发生突变均可引起氟喹诺酮类耐药。

DNA 拓扑异构酶Ⅳ的两对亚单位 ParC 和 ParE 分别由 parC 和 parE 编码,gyrA 基因的突变是氟喹诺酮类药物对铜绿假单胞菌临床分离株的主要耐药机制,parC 基因的突变只是使耐药性上升到更高水平。对于 gyrA 和 parC,QRDR 位于基因的 5'区;而对于 gyrB 和 parE,QRDR 位于基因中部。QRDR 所编码的氨基酸残基主要与酶-喹诺酮亲和力有关,而与全酶的催化活性无关。

目前已发现在不同细菌上存在 20 多种外排泵,可分为 5 个家族。到目前为止共报道了 7 类铜绿假单胞菌的主动外排系统,它们均由以下三部分组成:①外膜蛋白:形成门通道。②内膜蛋白:主要的泵出蛋白,具有识别药物的作用,但不具有特异性。③膜融合蛋白:连接内外膜蛋白。

主动外排泵系统均以氟喹诺酮类药物为转运底物。氟喹诺酮类药物对外排泵的选择能力不同,目前已发现了 nalB、nfxB、nfxC 型的氟喹诺酮多样耐药临床分离株,所有临床分离株均显示靶位改变,高水平的氟喹诺酮类耐药株一般均有主动外排泵突变产生。多数报道 mexR、nfxB 基因突变引起外排泵表达增高,导致或加重耐药。铜绿假单胞菌对氟喹诺酮类耐药,gyrA 基因突变是主要因素,parC、mexR 和 nfxB 基因突变为次要因素。

铜绿假单胞菌外膜渗透性降低,主要与外膜上孔蛋白的结构与状态有关,还与孔道蛋白的数量减少有关。氟喹诺酮类药物是依靠铜绿假单胞菌的外膜蛋白和脂多糖的作用而进入细菌体内的,外膜蛋白和脂多糖的变异均能使细菌摄取药物减少而导致耐药。已发现的外膜变异株有 OmpC、OmpD2、OmpG、OmpF 等的变异,均可导致耐药性。

铜绿假单胞菌耐药性强是因为该种细菌的细胞膜渗透性很低,对氟喹诺酮类药物的敏感性明显低于其他肠杆菌科细菌。氟喹诺酮类药物对其清除率也低于其他革兰阴性菌。

喹诺酮类药物可引起瘙痒、皮疹和红斑等过敏反应,也可引起恶心、呕吐和胃肠功能紊乱,视网膜变性,肝药酶增加,血压降低,白细胞、红细胞、血小板减少,甚至可引起癫痫发作。该类药物残留对幼儿的危害显著大于成人,除上述危害外,还影响幼儿软骨发育,出现弧圈腿(下肢成角畸形,膝关节外翻)和鸡胸(胸骨隆起)等病症。

第六节　磺胺类药物

一、概述

磺胺类药物为人工合成的抗菌药,是以对位氨基苯磺酰胺(简称磺胺)为基本结构的衍生物,磺酰胺基上的氢可被不同杂环取代,形成不同种类的磺胺类药物。它们与母体磺胺相比,具有效价高、毒性小、抗菌谱广、口服易吸收等优点。对位上的游离氨基是抗菌活性基团,若被取代,则失去抗菌作用。

磺胺类药物具有抗菌谱较广、性质稳定、使用简便等优点。特别是 1969 年甲氧苄氨嘧啶(TMP)发现以后,与磺胺类药物联合应用可使其抗菌作用增强、治疗范围扩大,尽管目前有效的抗生素很多,但磺胺类药物在控制各种细菌性感染疾病时,特别是在处理急性泌尿系统感染时仍有其重要价值。

根据临床使用情况,磺胺类药物可分为以下三类。

(1)肠道易吸收的磺胺类药物　主要用于全身感染,如败血症、尿路感染、伤寒、骨髓炎等。根据药物作用时间的长短分为短效、中效和长效三种类型。短效类在肠道吸收快,排泄快,半衰期为 5～6 小时;中效类半衰期为 10～24 小时;长效类半衰期为 24 小时以上。

(2)肠道难吸收的磺胺类药物　能在肠道保持较高的药物浓度。主要用于肠道感染如菌痢、肠炎等,如酞磺胺噻唑(PST)。

(3)外用磺胺类药物　主要用于灼伤感染、化脓性创面感染、眼科疾病等,如磺胺醋酰(SA)、磺胺嘧啶银盐(SD-Ag)、甲磺灭脓(SML)。

口服磺胺类药物主要在小肠吸收,血药浓度在 4～6 小时内达到高峰。药物吸收后分布于全身各组织中,以血、肝、肾含量最高,有相当一部分与血浆蛋白结合,结合后的磺胺类药物暂时失去抗菌作用,不能进入脑脊液,不被肝代谢,不被肾排泄。但结合比较疏松,时有小量释放,故不影响药效。长效磺胺与血浆蛋白结合率高,所以在体内维持时间长。多数磺胺类药物能进入脑脊液以及通过胎盘进入胎循环,故孕妇用磺胺类药物治疗时应慎重。

磺胺类药物主要在肝内代谢,主要通过肾脏排泄(难吸收的除外)。部分磺胺类药物与葡萄糖醛酸结合而失效,部分经过乙酰化形成乙酰化磺胺而失效。以原形和乙酰化磺胺以及少量葡萄糖醛酸结合物从尿中排出。

二、磺胺类药物抗菌作用及机理

磺胺类药物对许多革兰阳性菌和一些革兰阴性菌、诺卡氏菌属、衣原体属和某些原虫(如疟原虫和阿米巴原虫)均有抑制作用。对病毒、螺旋体、锥虫无效。对立克次体不但无效,反能促进其繁殖。

细菌不能直接利用环境中的叶酸,只能利用环境中的对氨苯甲酸(PABA)和二氢喋啶、谷氨酸,在菌体内二氢叶酸合成酶催化下合成二氢叶酸。二氢叶酸在二氢叶酸还原酶的作用下形成四氢叶酸,四氢叶酸作为一碳单位转移酶的辅酶,参与核酸前体物(嘌呤、嘧啶)的合成。而核酸是细菌生长繁殖所必需的成分。磺胺类药物的化学结构与氨苯甲酸类似,能与氨苯甲酸竞争二氢叶酸合成酶,影响二氢叶酸的合成,因而使细菌生长和繁殖受到抑制。由于磺胺类药物只能抑菌而无杀菌作用,所以消除体内病原菌最终需依靠机体的防御能力。为了保证磺胺类药物在竞争中占优势,临床用药时应注意以下几点:①用量充足,首次剂量必须加倍,使血中磺胺类药物的浓度大大超过氨苯甲酸的量;②脓液和坏死组织中含有大量氨苯甲酸,应洗净创伤后再用药;③应避免与体内能分解出氨苯甲酸的药合用,如普鲁卡因。

三、磺胺类药物残留的危害

磺胺类药物在猪肉、禽肉中残留比较严重,细菌会对磺胺类药物产生抗药性,对药物的敏感性下降甚至消失。尤其在用量或疗程不足时更易出现。产生抗药性的原因,可能是细菌改变代谢途径,如产生较多二氢叶酸合成酶,或能直接利用环境中的叶酸。细菌对磺胺类药物之间有交叉抗药性。肠道菌常通过R因子的转移而传播抗药性。当与甲氧苄氨嘧啶合用时,可减少或延缓抗药性的发生,但与其他抗菌药物无交叉抗药现象。

磺胺类药物残留主要引起过敏反应,表现为发热、皮疹和结节性红斑等。一般在用药后5~9天发生,多见于儿童。磺胺类药物之间有交叉过敏现象,因此当患者对某一磺胺类药物产生过敏时,换用其他磺胺类药物是不安全的。长效磺胺类药物由于与血浆蛋白结合率高,停药数天血中仍有药物存在,故危险性很大。

磺胺类药物残留可造成肾脏损伤和阻塞,特别是乙酰磺胺在酸性尿中溶解度很低,尤其在尿液酸性时易在肾小管中结晶析出,引起血尿、尿痛、尿闭等症状,损害肾脏,表现为尿少、尿闭和尿毒症。可加服碳酸氢盐或柠檬酸盐使尿液碱化,增加排出物的溶解度。大量饮水,增加尿量,也可降低排出物浓度。老人和肾功能不良者应慎用。

磺胺类药物能抑制骨髓白细胞形成,引起白细胞减少症,还可发生溶血性贫血,影响造血系统,对先天缺乏6-磷酸葡萄糖脱氢酶者可引起溶血性贫血。偶见粒细胞缺乏,停药后可恢复。磺胺类药物可通过母体进入胎儿循环,与游离胆红素竞争血浆蛋白结合部位,使游离胆红素浓度升高,引起核黄疸。对孕妇、新生儿尤其是早产儿不宜使用。

虽然许多细菌对磺胺类药物产生抗药性,但由于磺胺类药物价格便宜,使用方便,而且不会产生肠道菌群失调,故敏感菌仍主要选用磺胺类药物治疗,其效价与其他抗生素相当或更高。磺胺类药物的普通给药方法是定时间隔口服,为尽快达到足够的有效血药浓度,开始时宜加倍剂量。又因这些药物排泄较快,要维持血药浓度就必须反复多次给药。

第七节　呋喃类药物

一、概述

呋喃类(硝基呋喃类)药物是人工合成的具有 5-硝基呋喃基本结构的广谱抗菌药物,较常用的有呋喃妥因、呋喃西林、呋喃唑酮(痢特灵)、呋喃它酮等 10 余种。呋喃类药物具有灭菌能力强、抗菌谱广、不易产生耐药性、价格低廉、疗效好等优点,在食用性动物疾病的预防与控制中具有广泛的应用。由于硝基呋喃可能具有基因诱变性,所以目前很多国家和地区已禁止使用这类药物,并规定在动物性食品中不得检出呋喃类物质。

二、呋喃类药物的作用及机理

呋喃类药物是一类化学合成药,细菌能将其还原成抑制乙酰辅酶 A 等多种酶的活性产物,作用于细菌的酶系统,干扰细菌的糖代谢,损伤细菌 DNA 而有抑菌作用。

呋喃妥因抗菌范围较广,对多种革兰阳性菌、革兰阴性菌均有抑制作用,但对绿脓杆菌无效。吸收后由尿排泄,常用于治疗泌尿系统感染。细菌对呋喃类药物不易产生耐药性。

呋喃唑酮(痢特灵)对消化道的多种细菌有抑制作用,也可抑制滴虫。主要在肠道起作用,主治肠炎、痢疾和伤寒等。对幽门螺旋菌有抑制作用,故可用于治疗溃疡病。临床上常用于治疗球虫病和肠道感染。

三、呋喃类药物残留的危害

近年来,我国发生多起因呋喃类药物残留超标而导致的出口贸易事件,并造成了严重的经济损失,从而引发了食用性动物及其产品检测机构的重视。目前,动物饲料中使用呋喃类药物的现象仍然存在。呋喃类药物及其残留主要危害如下。

(1) 对畜禽有毒 长时间大剂量使用呋喃类药物均能对畜禽产生毒性作用。其中呋喃西林的毒性最大,呋喃唑酮的毒性最小,为呋喃西林的1/10左右。兽医临床上经常出现有关猪、鸭、羊等呋喃唑酮中毒的事件。

(2) 致癌致畸致突变 呋喃它酮为强致癌性药物,呋喃唑酮具有中等强度致癌性。呋喃类化合物是直接致变剂,它不用附加外源性激活系统就可以引起细菌突变。

(3) 代射物对人体危害严重 呋喃类药物在体内代谢迅速,代谢物与细胞膜蛋白结合成为结合态,可长期保持稳定,从而延缓药物在体内的消除速度。

普通的食品加工方法(如烧烤、微波加工、烹调等)难以使蛋白质结合态呋喃唑酮残留物大量降解。这些代谢物可以在弱酸性条件下从蛋白质中释放出来,因此,当人类食用含有呋喃类抗生素残留的食品时,这些代谢物就会在人类胃液的酸性条件下从蛋白质中释放出来被人体吸收而对人类健康造成危害。

1993年,欧盟兽药委员会(CVMP)将呋喃它酮、呋喃妥因和呋喃西林列为禁用药物,1995年又将呋喃唑酮列为禁用药物。2002年4月,我国农业部第193号公告的"食品动物禁用的兽药及其他化合物清单"中,将呋喃类药物列为禁止使用的药物。国际癌症研究组织已将其定为"2类B"致癌物。

第八节 激素类药物残留的危害

一、概述

激素是生物特殊组织或腺体产生的直接分泌到体液中的一类微量有机化合物,激素通过体液运送到特定作用部位,从而引起特殊效应。通常将天然激素及其制剂以及合成的激素衍生物或类似物统称为激素类药物。目前人类已能合成大量激素衍生物或类似物,其中,性激素和β受体激动剂常被用作饲料添加剂,是人类和畜禽疾病防治及食品动物生产中使用最广泛的激素类药物。然而,非法使用或滥用此类药物,不仅会直接危害动物的健康,而且还因其在动物体内大量残留而对人体健康造成潜在威胁,引起机体代谢紊乱、发育异常等一系列毒性效应。

二、性激素类药物残留的危害

性激素类药物包括天然的性激素及人工合成的激素衍生物或类似物。根据化学结构不同性激素类药物分为甾体类和非甾体类两大类。甾体类以雄性激素、雌性激素多见，包括丙酸睾酮、氯睾酮和苯丙酸诺龙、炔雌醇、炔雌醚、戊酸雌二醇等雌激素类及醋酸氯地孕酮、醋酸羟孕酮和甲炔诺酮等孕激素类。非甾体类主要是雌激素类，包括己烯雌酚、己烷雌酚和玉米赤霉醇等。

性激素药物吸收后大多数在肝脏内代谢，代谢物由尿或粪便排出，且代谢消化快。其代谢物可在体内尤其是在肝、肾、脂肪等可食组织中残留，其中孕酮、炔雌醚等孕激素主要残留于脂肪组织。

食物中的性激素可扰乱人体内的性激素平衡，对儿童的生长发育极为不利，如食物中的雌激素水平高，可使男性乳房女性化发育，引起女性性发育提前，或者中枢神经性的性早熟等，诱发甲状腺癌，女性的卵巢癌、阴道癌和乳腺癌，男性前列腺癌、睾丸癌、副睾丸囊肿、精巢癌等。

己烯雌酚为人工合成的雌激素，可促进子宫、输卵管、阴道和乳腺的生长发育。小剂量可促进垂体促黄体素的分泌。大剂量则可抑制垂体促卵泡素的分泌，也能抑制泌乳。有些家畜禽和水产养殖户将其添加到动物饲料中，促使动物快速成长，引起蛋白质沉淀，提高饲料转化率。比如，己烯雌酚添加到奶牛的饲料中，可增加奶牛产奶量。

但是己烯雌酚及其代谢产物不能被完全消化吸收，会在动物肝脏、肌肉、蛋、奶中残留，危害人体健康。己烯雌酚进入人体内，可能引起人体内遗传物质的改变，诱发基因突变和癌症。少儿食用残留己烯雌酚的食物，会导致性早熟。男性如果长期摄入，可产生男性女性化等一系列副作用。

三、β受体激动剂残留的危害

β受体激动剂又称β受体兴奋剂，类似于肾上腺素和去甲肾上腺素，选择性地作用于β₂受体，引起交感神经兴奋。此类药物大多数是合成的，常用的品种有盐酸克伦特罗、沙丁胺醇、特布他林、马布特罗和塞曼特罗等，盐酸克伦特罗应用最普遍。

盐酸克伦特罗为β₂受体激动剂，属于拟肾上腺素类药物，商品名为"氨哮素""克喘素"。20世纪80年代初，美国一家公司发现，盐酸克伦特罗可改变动物体内的代谢途径，促进肌肉，特别是骨骼肌中蛋白质的合成，抑制脂肪的合成，使瘦肉比例相对增加。这一新发现很快被一些国家用于养殖业，饲料中添加了盐酸克伦特罗后，可使猪等畜禽生长速率、饲料转化率、瘦肉率提高10%以上，所以盐酸克伦特罗在作为饲料添加剂销售时的商品名又称为"瘦肉精""肉多素"等。

含有盐酸克伦特罗的食物被人食用后，临床表现有如下症状。

（1）急性毒性　心悸，面颈、四肢肌肉颤动，手抖甚至不能站立，头晕、乏力；原有心律失常者更容易发生反应，如心动过速，室性早搏，心电图示 S-T 段压低与 T 波倒置；原有交感神经功能亢进者,如有高气压、冠心病、甲状腺功能亢进者,更易发生上述症状;盐酸克伦特罗与糖皮质激素合用可引起低血钾,从而导致心律失常。

发生盐酸克伦特罗中毒时,应当洗胃、输液,促使毒物排出;在心电图监测及电解质测定下,使用 6-二磷酸果糖(FDP)等保护心脏药物。

(2)慢性毒性 长期摄入盐酸克伦特罗可能会引起机体代谢紊乱,造成人和动物多器官系统损伤,尤以心脏损伤最为严重,严重影响雌性动物的生殖功能和肾上腺功能,儿童长期食用会导致性早熟。此外,盐酸克伦特罗还会造成动物免疫功能损害。部分研究表明盐酸克伦特罗可能还具有致突变和致癌作用。

我国 2002 年 9 月 10 起禁止在饲料和动物饮用水中使用盐酸克伦特罗。

第九节　抗病毒药物残留的危害

一、概述

病毒是病原微生物中最小的一种,其核心是核糖核酸(RNA)或脱氧核糖核酸(DNA),外壳是蛋白质,不具有细胞结构,多数病毒缺乏酶系统,不能独立自营生活,必须在宿主细胞内依靠宿主的酶系统才能繁殖(复制),病毒核酸有时整合于细胞,不易消除。病毒一个复制周期过程如下。

①病毒识别并吸附到宿主细胞的表面;②通过宿主细胞膜穿入易感细胞;③脱壳;④合成早期的调控蛋白及核酸多聚酶;⑤病毒基因组(DNA 或 RNA)复制;⑥合成后期的结构蛋白;⑦子代病毒的组装;⑧易感细胞释放子代病毒。

二、抗病毒药物的种类

抗病毒药物可以靶向攻击病毒复制的任何一个步骤,如直接抑制或杀灭病毒、干扰病毒吸附、阻止病毒穿入细胞、抑制病毒生物合成、抑制病毒释放或增强宿主抗病毒能力等。根据抗病毒药物的作用机制,可将目前的抗病毒药物分为以下几类。

(1)穿入和脱壳抑制剂 金刚烷胺、金刚乙胺、恩夫韦地、马拉韦罗。

(2)DNA 多聚酶抑制剂 阿昔洛韦、更昔洛韦、伐昔洛韦、泛昔洛韦、膦甲酸钠。

(3)逆转录酶抑制剂 ①核苷类:拉米夫定、齐多夫定、恩曲他滨、替诺福韦、阿德福韦酯。②非核苷类:依法韦仑、奈韦拉平。

（4）蛋白酶抑制剂　沙奎那韦。

（5）神经氨酸酶抑制剂　奥司他韦、扎那米韦。

（6）广谱抗病毒药　利巴韦林、干扰素。

三、代表性抗病毒药物作用机理及危害

1. 盐酸金刚烷胺

盐酸金刚烷胺可抑制病毒进入宿主细胞内部，也可抑制病毒复制的早期阶段，阻断病毒基因的脱壳及阻断核酸转移进入宿主细胞。盐酸金刚烷胺临床上用于预防和治疗各种 A 型流感病毒引起的感染，对其他类型流感病毒作用甚小。盐酸金刚烷胺可穿透血脑屏障，引起中枢神经系统的毒副反应，如头痛、失眠、兴奋、震颤。

2. 阿昔洛韦

阿昔洛韦作用机制独特，主要抑制病毒编码的胸苷激酶和 DNA 聚合酶，从而显著抑制感染细胞中 DNA 的合成，而不影响非感染细胞的 DNA 复制。阿昔洛韦为广谱抗病毒药，是治疗疱疹感染的首选药物，主要用于疱疹性角膜炎、生殖器疱疹、全身性带状疱疹和疱疹性脑炎治疗，也可用于治疗乙型病毒性肝炎。

阿昔洛韦残留会导致头晕、呕吐、头痛、皮肤瘙痒、月经紊乱、一时性血清肌酐升高。肾功能不良者、孕妇、哺乳期妇女慎用，肾功能不全者酌情减量。

3. 干扰素

干扰素是机体受到病毒或其他病原微生物感染后，体内产生的一类抗病毒的糖蛋白物质，具有抑制病毒生长、细胞增殖和免疫调节的活性。用于病毒性感染，如病毒性角膜炎、肝炎、流感等，以及恶性肿瘤等的治疗或辅助治疗。过量使用会导致流管样综合征如发热、寒战、头痛、乏力等。

4. 齐多夫定

齐多夫定的磷酸化产物可竞争性抑制病毒逆转录酶对三磷酸胸苷的利用，从而阻止 DNA 的合成，使 DNA 链增长中止而阻碍病毒繁殖。齐夫多定主要用于治疗艾滋病（HIV），可降低 HIV 感染患者的发病率，并延长其存活期。常与拉米夫定或去羟肌苷合用。过量使用会产生骨髓抑制，表现为贫血。

5. 利巴韦林（病毒唑）

利巴韦林在宿主细胞内磷酸化后，可干扰病毒的三磷酸鸟苷合成，抑制某些病毒的 RNA 聚合酶活性，从而抑制病毒 mRNA 合成。利巴韦林为广谱抗病毒药物，用于呼吸道合胞病毒引起的病毒性肺炎与支气管炎。利巴韦林有较强的致畸作用，在体内消除很慢。大剂量使用时，可致心脏损害。口服或静脉给药时部分患者可能出现腹泻、头痛，长期用药可致白细胞减少及可逆性贫血。

第十节 消毒剂残留的危害

一、概述

消毒剂是用于将病原微生物消灭于人体之外,切断传染病的传播途径,达到控制传染病目的的药剂。按照其作用的水平可分为灭菌剂、高效消毒剂、中效消毒剂、低效消毒剂。灭菌剂可杀灭一切微生物使其达到灭菌要求,包括甲醛、戊二醛、环氧乙烷、过氧乙酸、过氧化氢、二氧化氯、氯气、硫酸铜、生石灰、乙醇等。高效消毒剂可杀灭细菌繁殖体(包括分枝杆菌)、病毒、真菌及其孢子等,对细菌芽胞也有一定杀灭作用,达到高水平消毒要求,包括含氯消毒剂、臭氧、甲基乙内酰脲类化合物、双链季铵盐等。中效消毒剂仅可杀灭分枝杆菌、真菌、病毒及细菌繁殖体等微生物,包括含碘消毒剂、醇类消毒剂、酚类消毒剂等。低效消毒剂仅可杀灭细菌繁殖体和亲酯病毒。包括苯扎溴铵等季铵盐类消毒剂、氯己定(洗必泰)等双胍类消毒剂,汞、银、铜等金属离子类消毒剂及中草药消毒剂。

二、消毒剂的危害

消毒剂广泛应用于家禽饮水、体表、禽舍、运动场和用具的消毒,长期摄入和接触容易造成在家禽体内残留,对人体造成危害。

1. 甲醛

甲醛是一种无色,有刺激性气味,刺眼,刺鼻,容易挥发的气体。周围环境温度的变化影响甲醛的挥发,温度越高,甲醛挥发越快。甲醛的允许浓度是 $0.1\ \mathrm{mg/m^3}$。

甲醛属于原浆毒性物质,吸入高浓度甲醛时,它会和皮肤黏膜表面的蛋白质结合,出现眼睛疼痛,流泪,喉部水肿,咳嗽等症状。人体皮肤在接触到甲醛时,会出现过敏症状,如出现过敏性皮炎,色素斑,瘙痒等症状,严重时甚至会引起局部组织出现坏死症状,哮喘患者在吸入甲醛后,还有可能诱发哮喘发作。

长期吸入高浓度甲醛有致癌的危险,甲醛还是基因毒性物质,在吸入甲醛后,由于咽喉部不断受到甲醛的刺激,有引起咽喉癌的可能性。孕妇长期吸入甲醛后,还有可能导致胎儿畸形。

长期吸入甲醛后,还有可能出现神经系统症状,如记忆力减退,头痛,头晕以及自主神经功能紊乱症状,如心慌,恶心,呕吐,失眠,乏力,体重减轻等。

长期吸入甲醛,还会影响生育功能。成年男子长期吸入甲醛后,会出现精子活力减退,死精现象。生育期妇女长期吸入甲醛,日后妊娠时会出现胎儿畸形,死胎现象。

84消毒液,主要成分为次氯酸钠,具有刺激性味道,可以杀灭大肠杆菌、金黄色葡萄球菌等,常用于消毒物体的表面。使用84消毒液时一定要注意先稀释,否则会对人体造成危害。

84消毒液浓度过高可以烧灼皮肤,局部皮肤有烧灼感,重者可出现红肿、水疱、皮炎等。

84消毒液具有挥发性,吸入过高浓度时,会出现呼吸道刺激症状,如咳嗽,呼吸困难,气喘等,严重时会出现化学性支气管炎,肺炎等。

84消毒液可以刺激眼睛引起流泪,如果不慎溅入眼睛,会出现疼痛,畏光等现象。

2.苯酚

苯酚及其化合物是一种有中等毒性的物质。它们可经皮肤、黏膜、呼吸道和口腔等多种途径进入人体。苯酚及其化合物是一种细胞原浆毒,在体内的毒性作用是与细胞原浆中的蛋白质发生化学反应,形成变性蛋白质,使细胞失去活性。苯酚及其化合物所引起的病理变化主要取决于其浓度:低浓度时能使细胞变性,高浓度时能使蛋白质凝固。低浓度对人体的局部损害虽不如高浓度严重,但由于其渗透力强,可深入内部组织,侵犯神经中枢,刺激脊髓,最终可导致全身中毒。

高浓度的苯酚及其化合物进入人体会引起急性中毒,引起头痛、头昏、乏力、视物模糊,引起消化道灼伤,发生胃肠道穿孔,并可出现休克、肺水肿、肝或肾损害,可在48小时内出现急性肾功能衰竭,甚至造成昏迷和死亡。

苯酚被人体吸收后,其毒性可被肝脏组织破坏,并随尿排出。但是当吸入量超过人体的解毒功能时,一部分苯酚会蓄积在各脏器组织中,造成慢性中毒,出现不同程度的头昏、头痛、精神不安等神经症状,以及食欲不振、吞咽困难、流涎、呕吐和腹泻等慢性消化道症状。苯酚主要通过肾脏排泄,所以测定尿中苯酚的含量有助于对慢性苯酚中毒患者作出正确的诊断。正常人在24小时内的尿苯酚含量为20～50 mg。

3.其他消毒剂

漂白粉残留可刺激人体消化道黏膜,导致恶心、呕吐等不良反应;碘制剂残留对人体具有心毒性和肾毒性,可造成心脏机能减弱,肾脏实质变性;煤酚残留可引起肺部肿瘤;表面活性剂(肥皂、洗衣粉、苯扎溴铵、季铵盐类)一般毒性不大,但长期接触也容易造成血细胞减少,血中碱性磷酸酶和转氨酶活性降低,在脸部可出现对称性色素沉着——蝶形肝斑。

第七章　化肥污染

一、概述

化肥是指经过化学加工制成的无机肥料。常用的化肥有氮肥、磷肥、钾肥。农业生产中施用化肥，能给农作物补充正常生长所需的养料，提高农作物产量。但是化肥在使用过程中约有70％逸散于环境中，过度施用可造成很大的危害。

我国农业生产最近10年的化肥单位播面的施肥量从187.52 kg提高到273.19 kg，提高了46％。除化肥施用量过快增长外，使用结构也不合理。氮肥仍旧是我国农业生产主要使用的化肥，磷肥施用量所占的比重仅为20％左右，钾肥更低，仅为10％，化肥在带来作物增产的同时，也产生污染，给食品安全带来了一系列问题。

二、化肥污染的危害

化肥污染的危害主要表现在以下几个方面。

（1）化肥对其他农产品质量的影响十分明显，其中以氮肥最大。如过量施用氮肥，在使禾本科作物籽粒含氮量及蛋白质含量增加的同时，也将导致氨基酸含量比例发生变化，使其营养品质下降；过量施用氮肥会使作物体内的硝酸盐累积量增高，据监测，农村许多浅层地下水中硝酸盐、氨态氮肥、亚硝酸盐等含氮化合物严重超标，对人畜产生危害。绿叶蔬菜吸收的都是硝酸盐类氮肥，硝酸盐在动物体内经微生物的作用极易还原成亚硝酸盐，而亚硝酸盐是一种有毒物质，可致癌和引起中毒死亡。

（2）过量施用磷肥将对蔬菜、水果中的有机酸、维生素C等成分的含量以及果实的大小、着色、形状、香味等带来一系列影响，同时，磷肥中的副产品还可能给农产品带来污染。

（3）化肥的大量使用，特别是氮肥用量过高，使部分化肥随降雨、灌溉和地表径流进入河、湖、库、塘，污染水体，造成水体富营养化。为防止化肥对水体造成污染，部分发达国家规定化肥施用的上限为每公顷255 kg，但我国还没有类似的规定，多数地区施肥尚带有很大的盲目性，施肥量远远超过上述指标。由施肥所导致的江河湖泊的富营养化占 40％左右。在北方地区,地下水的污染,特别是硝酸盐污染问题十分突出,部分地区硝酸盐含量超过饮用水标准的 5～10 倍,基本上不能饮用。

（4）长期过量使用化肥,导致土壤结构变差,土壤板结,地力下降,农作物减产。化肥对土壤质量的影响是多方面的。首先,单独施用化肥,将导致土壤结构变差、容重增加、孔隙度减少;其次,施用化肥可能使土壤有机质上升速度减缓甚至下降,部分养分含量相对较低或养分间不平衡,不利于土壤肥力的发展;再次,单独施用化肥将导致土壤中有益微生物数量甚至微生物总量减少;最后,由于部分化肥中含有污染成分,过量施用(特别是磷肥)将对土壤产生相应的污染。我国大部分耕地质量退化,主要是大量施用化肥造成的。

（5）从化肥原料和生产过程中产生的一些对人体有毒有害的微量重金属、无机盐和有机物等成分通过化肥进入土壤,并在土壤中累积。如磷肥中含有砷、铅、铬、汞等重金属,随化肥施用进入土壤,降低农产品品质,对环境造成污染,最终危害食品安全。

（6）化肥施用方法不当,造成大气污染。例如氮肥浅施后往往造成氮的逸失,进入大气,造成污染。部分氮肥在土壤微生物的硝化-反硝化作用下,变成亚硝胺进入环境,破坏臭氧层,成为温室效应的原因之一。

三、化肥污染的治理对策

1. 强化环保意识,加强土壤肥料的监测管理

大多数人没有意识到化肥对土壤环境和人体健康造成的潜在危险,应加强教育,提高群众的环保意识。注重管理,严格监测化肥中污染物质。制定有关有害物质的允许量标准,用法律法规来防治化肥污染。

2. 增施农家肥,推广配方施肥技术

我国传统的农家肥包括秸秆、动物粪便、绿肥等。施用农家肥能够增加土壤有机质、土壤微生物,改善土壤结构,提高土壤的吸收容量,增加土壤胶体对重金属等有毒物质的吸附能力。配方施肥技术是综合运用现代化农业科技成果,根据作物需肥规律、土壤供肥性能与肥料效应,在以有机肥为主的条件下,推广配方施肥技术,设计规划施肥种类,各种肥料的适宜用量和比例,施肥时期及相应的施肥方法。有利于土壤养分的平衡供应,减少化肥的浪费,避免对土壤环境造成污染。

3. 改进施肥方法

氮肥深施节肥的效果显著,碳酸氢铵的深施可提高利用 31％～32％,尿素可提高 5％～12.7％。磷肥按照旱重水轻的原则集中施用,可以提高磷肥的利用率,减少对土壤的污染。

第八章　化学污染物

第一节　N-亚硝基化合物

一、概述

N-亚硝基化合物的分子结构通式为 $R_1(R_2)$＝N—N＝O，分 N-亚硝胺和 N-亚硝酰胺两种，其中：N-亚硝胺的 R_1 和 R_2 为烷基或芳基；N-亚硝酰胺的 R_1 为烷基或芳基，R_2 为酰胺基，包括氨基甲酰基、乙氧酰基等；两类都可有杂环化合物。

N-亚硝基化合物的生产和应用并不多，但前体物亚硝酸和二级胺及酰胺广泛存在于环境中，可在生物体外或体内形成 N-亚硝基化合物。在城市大气、水体、土壤、鱼、肉、蔬菜、谷类及烟草中均存在多种 N-亚硝基化合物。N-亚硝基化合物主要经消化道进入体内。

植物在生长过程中合成必要的蛋白质，就要吸收硝酸盐作为其营养成分；蔬菜吸收的硝酸盐由于植物酶作用在植物体内还原为氮，并与光合作用合成的有机酸生成氨基酸和核酸而构成植物体。当光合作用不充分时，植物体内可积蓄多余的硝酸盐。亚硝酸盐和硝酸盐也可通过人为添加而进入食品，如作为防腐剂和护色剂被用于保藏肉类、鱼和干酪。早在 20 世纪初，人们就发现添加亚硝酸盐可以给腌肉护色并改善风味，抑制某些腐败菌和致病菌的生长。

由于食品中含有丰富的蛋白质、脂肪以及人体必需的氨基酸，这些营养物质在腌制、烘焙、油煎、油炸等加工过程中，其内部会产生一定数量的 N-亚硝基化合物；另外，食品中的某些营养物质在人体胃液环境中可自行合成 N-亚硝基化合物，从而造成对人体的伤害。

二、N-亚硝基化合物对人体的危害

许多动物试验证明，N-亚硝基化合物具有致癌作用。N-亚硝胺相对稳定，需要在体

内代谢成为活性物质才具备致癌性,也被称为前致癌物。N-亚硝酰胺类不稳定,能够在作用部位直接降解成重氮化合物,并与DNA结合,直接致癌、致突变,因此,也将N-亚硝酰胺称为终末致癌物。迄今为止尚未发现一种动物对N-亚硝基化合物的致癌作用有抵抗力,不仅如此,多种给药途径均能引起试验动物发生肿瘤。呼吸道吸入、消化道摄入、皮下或肌内注射、皮肤接触都可诱发肿瘤。反复多次接触,或一次大剂量给药都能诱发肿瘤,且都有剂量-效应关系。动物试验表明,N-亚硝基化合物的致癌作用证据充分。流行病学资料表明,人类某些癌症可能与之有关,如智利胃癌高发可能与硝酸盐肥料大量使用,从而造成土壤中硝酸盐与亚硝酸盐含量过高有关;日本人爱吃咸鱼和咸菜,故其胃癌高发,前者胺类特别是仲胺与叔胺含量较高,后者亚硝酸盐与硝酸盐含量较高。

在遗传毒性研究中发现,许多N-亚硝基化合物可以通过机体代谢或直接诱发基因突变、染色体异常和DNA修复障碍。N-亚硝酰胺能引起子鼠产生脑、眼、肋骨和脊柱的畸形,而N-亚硝胺致畸作用很弱。二甲基亚硝胺具有致突变作用,常用作致突变试验的阳性对照。

三、预防和控制措施

预防N-亚硝基化合物对人体健康的危害,可以从多方面着手。根据前述食品中N-亚硝基化合物的来源,可以从源头上对食品中的亚硝酸盐和硝酸盐进行控制,也可以采用阻断的方式减少或降低食品加工过程中产生的N-亚硝基化合物。另外,制定食品中N-亚硝基化合物的限量标准规范,严格控制工业排放、科学施肥等措施也是有效控制食品中N-亚硝基化合物产生的有效途径。

1. 科学合理施肥

在蔬菜种植过程中,不施或少施硝酸铵和其他硝态氮肥,宜用钼肥、有机肥、微生物肥、腐殖酸类肥料等,筛选适合蔬菜施用的低累积亚硝酸盐氮肥;另外,氮肥与磷、钾肥配合施用可以促进蛋白质和重要含氮化合物的合成,减少硝酸盐的积累,控制和降低蔬菜中亚硝酸盐的含量。

2. 阻断食品中N-亚硝胺类物质的合成

利用与寻找一些阻断剂,阻止天然食品中胺类与亚硝酸盐反应而减少亚硝胺的合成。例如,食品加工过程加入维生素C、维生素E、酚类、没食子酸及某些还原物质,具有抑制和减少亚硝胺合成的作用,而且对亚硝酸盐的发色和抗菌作用毫无影响。目前,世界上许多国家都提倡在肉制品加工过程中加入维生素C。在美国,一般每加入120 mg/kg亚硝酸钠的同时,添加50 mg/kg的维生素C,使亚硝酸盐还原为NO,促进亚硝基肌红蛋白的生成,既增加发色作用,又能降低肉制品中亚硝胺的生成量。

3. 改进食品加工方式

利用烟液或烟发生器生产的锯屑冷烟取代燃烧木材烟熏制食品,可消除或降低亚硝胺的合成。在腌制肉及鱼时,所使用的食盐、胡椒、辣椒粉等配料,应分别包装,切勿混合在一起而产生亚硝胺。同时,在肉制品加工过程中应尽量少用硝酸盐及亚硝酸盐。

4. 改善饮食方式

食品中硝酸盐、亚硝酸盐目前看来无法根本消除,为了降低亚硝酸盐对人体的伤害,培养科学的食品消费和饮食习惯是必要的。

①不吃霉变、隔夜蔬菜。尽量食用新鲜蔬菜。从营养角度来说,新鲜蔬菜其营养成分损失较少;从安全角度来看,新鲜蔬菜的亚硝酸盐含量较低。另外,蔬菜烹调时也要现洗、现切、现炒、现吃。

②不吃未发酵好的酸菜。腌渍酸菜6天时亚硝酸盐含量升至最高,随后逐渐下降,20天后,基本彻底分解,所以,酸菜最好腌制1个月后再食用。在腌渍中,可按每千克腌菜中加400 mg维生素C,以阻断亚硝酸盐形成亚硝胺。

③加工泡菜时用人工发酵代替自然发酵。人工接种发酵泡菜与自然发酵相比,可以加快发酵速率,缩短发酵时间。乳酸的大量产生可抑制杂菌感染,使泡菜成品率提高,并且可以改善泡菜的风味,提高泡菜菌种品质。

④蔬菜烹调前多浸泡。亚硝酸盐溶于水,蔬菜特别是酸菜在烹调前多清洗,多浸泡。随着换水次数增加、浸泡时间延长,酸菜中亚硝酸盐含量明显降低。

5. 制定相应的标准和法规

食品卫生监督部门应从源头抓起,严格监控企业对硝酸盐、亚硝酸盐的使用。我国颁布的GB 2760—2011《食品安全国家标准食品添加剂使用卫生标准》针对不同的食品类型,对硝酸盐、亚硝酸盐的使用作出了明确规定,规定了其最大使用量。

第二节 多环芳烃的危害与防治

随着煤、石油在工业生产、交通运输以及生活中被广泛应用,多环芳烃已成为世界各国共同关注的有机污染物。1979年美国环保局(EPA)公布了129种优先监测污染物,其中有16种多环芳烃。我国政府也已经列出7种多环芳烃于中国环境优先污染物黑名单中。

一、多环芳烃的种类

多环芳烃在环境中的累积已经越来越严重地威胁着人类的健康,因此了解多环芳烃的种类、来源、分布和性质,阐明多环芳烃对人体的危害,研究防治多环芳烃污染的措施,将有助于人们更好地保护环境、净化环境,从而维护人类健康。

多环芳烃是指分子中含有两个或两个以上苯环的碳氢化合物,可分为芳香稠环型及芳香非稠环型。芳香稠环型是指分子中相邻的苯环至少有两个共用的碳原子的碳氢化合物,如萘、蒽、菲、芘等。芳香非稠环型是指分子中相邻的苯环之间只有一个碳原子相连的化合物,如联苯、三联苯等。

二、多环芳烃的天然来源

环境中多环芳烃的天然来源主要由微生物和高等植物(如烟草、胡萝卜等)合成,它们可能扮演内源植物激素的角色,促进植物的生长。另外,火山活动、森林火灾以及草原火灾也产生一定量的多环芳烃。

环境中多环芳烃大多来自化学工业、交通运输、日常生活等方面。多环芳烃主要由煤、石油、木材及高分子有机化合物的不完全燃烧产生。在焦化煤气、有机化工、石油工业、炼钢炼铁等工业所排放的废弃物中有相当多的多环芳烃,其中焦化厂排放多环芳烃最为严重。监测数据表明,在焦化煤气工业中所排放的废水中多环芳烃污染指标的苯并芘(BaP)含量大大高于国家排放标准。

飞机、汽车等机动车辆所排放的废气中约有 100 种多环芳烃,已有 73 种被鉴定。值得注意的是,飞机、汽车启动时由于不完全燃烧排放量最大,1980 年报道喷气式飞机在飞行中每分钟排放 2～4 mg 的苯并芘,而在起飞时苯并芘排放量高达每分钟 40000 mg。每 100 辆客运车每年能排放 2～10 t 的苯并芘。

我国是燃煤大国,在我国北方城市,使用煤炉取暖的情况仍很普遍,家庭炉灶每年所产生多环芳烃的量非常大。

在食品制作过程中,尤其是油炸温度超过 200 ℃时,会分解放出大量多环芳烃化合物。

随着城市发展,为了解决日益严重的垃圾污染问题,许多地方把垃圾送入填埋场做深填埋处理,这样会使垃圾产生大量垃圾渗透液,经水浸泡后,产生含有大量多环芳烃的高深度有机废水。如果将垃圾送入城市垃圾焚烧炉,也会产生多环芳烃。据测定,每小时处理 90 t 的垃圾,焚烧炉每天排放的致癌性多环芳烃总量多达 20 kg。

另外,吸烟所引起的居室环境的污染已引起国内外的关注。人们已鉴定出 150 种以上的多环芳烃存在于香烟的焦油中。

三、多环芳烃的分布

1. 多环芳烃在大气中的分布

全世界每年排放到大气中的多环芳烃为几十万吨,主要以吸附在颗粒物上和以气相的形式存在。四环以下的多环芳烃如菲、蒽、荧蒽、芘等主要集中在气相部分,五环以上的则大部分集中在颗粒物上或散布在大气飘尘中。在大气飘尘中,几乎所有的多环芳烃都附在可吸入颗粒物上,直接威胁人类的健康。另外,多环芳烃在大气中的含量随季节变化,据北京市环境保护科学研究所研究,多环芳烃在大气中的分布颇有规律:北京市采暖期大气中多环芳烃含量远比非采暖期高,自城区中心向外依次减少,北方城市高于南方城市,沿海低于内地。但值得注意的是,在大气中活泼的多环芳烃却在迁移过程中稳定存在,例如英国产生的多环芳烃可以迁移到挪威,而没有明显降解。

2. 多环芳烃在水体中的分布

水体中的多环芳烃可呈三种状态:吸附在悬浮性固体上;溶解于水;呈乳化状态。由于多环芳烃在水中的溶解度较小,它在地表水中浓度很低,但多环芳烃易于从水中分配到生物体内或沉积物中。

3. 多环芳烃在植被和土壤中的分布

多环芳烃在植物体内的含量通常小于该植物生长土壤中多环芳烃的浓度,有人分析了洋葱、甜菜、西红柿和其生长土壤中的多环芳烃的含量,发现大多数多环芳烃存在于蔬菜皮中,在植株内,地上部分多环芳烃浓度通常大于地下部分,大叶植物比小叶植物含更多的多环芳烃,由此可知,许多植物和蔬菜中多环芳烃是从大气中及土壤中吸收而来的,其吸收速率取决于植物种类和土壤和周围大气中多环芳烃的浓度。此外,多环芳烃在植物体内会迁移和代谢,Edward 等发现大豆根能吸收多环芳烃,并向叶迁移,也可以从大气中吸收多环芳烃,并向根部转移。

4. 多环芳烃的性质

五环以上的多环芳烃多为无色或淡黄色结晶,个别具有深色,熔点及沸点较高,蒸气压低。多环芳烃大多不溶于水,具有大的共轭体系,因此其溶液具有一定荧光。多环芳烃化学性质稳定,不易水解。多环芳烃对紫外辐射引起的光化学反应尤为敏感。

四、多环芳烃的危害

环境中多环芳烃虽然是微量的,但其不断地生成、迁移、转化和降解,并通过呼吸道、皮肤、消化道进入人体,极大地威胁着人类的健康。

多环芳烃最突出的危害是具有致癌、致畸及致突变性。多环芳烃是最早发现且为数最多的一类化学致癌物,多环芳烃属于间接致癌物,目前发现 200 多种多环芳烃及其衍生物有致癌作用。具有致癌性的多环芳烃都含有菲环结构,菲环结构的显著特点在于菲的 9、10 位双键具有高电子密度,多环芳烃的致癌性均与此键有关。若致癌性多环芳烃代谢产物的环氧化合物正好包括此键,则易于与细胞内的 DNA、RNA 等物质结合而起致癌作用。将此键称为 K 区,许多具有致癌性的多环芳烃都具有活性的 K 区。如果结构适当改变,使 K 区消失,则其致癌作用也随之消失。多环芳烃有时还具有一个 L

区,它含有两个具有最高自由价的碳原子,即蒽环中位的两个碳原子,此时即使多环芳烃的K区足以致癌,但活性高的L区有时也可使其失去致癌性。因此,根据K区和L区理论,多环芳烃必须具有一个活性高的K区和一个活性低的L区才具有致癌作用。

近年来发现,肺癌发病率和死亡率与多环芳烃有关。许多山区居民经常就地拢火取暖,室内烟雾弥漫,终日不散,造成较高的鼻咽癌发生率。油脂食物煎炸等烹调过程中产生大量的多环芳烃,导致胃癌发病率增高。

五、多环芳烃的防治

多环芳烃的防治措施可分为两个方面:一是制定具体的排放标准,用政策法规来限制多环芳烃的排放;二是采用生物或化学方法来处理已经造成污染的多环芳烃。为了减少多环芳烃在环境中的污染,在食品、农药、化妆品、废气排放量等方面,各国都规定了禁用或限制使用条例。针对我国的国情,还可以制定一些具体的减少多环芳烃排放的方案,如在大城市生活区采用集中供热,消除小煤炉取暖,逐步实现家庭煤气化。在工业区尽量使用燃油代替燃煤,或使用煤用型煤。推行煤炭洗涤加工,用静电除尘或袋式除尘器取代旋风除尘器。发展清洁能源,改变发动机的燃料,如用天然气来代替汽油等,另外给发动机车辆安装催化净化系统是控制大气中多环芳烃污染的有效措施之一。

对于多环芳烃已经造成的污染,则可以采用生物及化学方法来处理。例如,可以用微生物(如白腐菌)降解法降解低分子量的多环芳烃,可以用有机质丰富的沼泽沉积物来吸附多环芳烃,还可以加入表面活性剂、共代谢物及硝酸根等含氧酸根(在厌氧条件下)来加快多环芳烃的降解速度。

六、苯并芘

苯并芘是一种五环芳香烃类,存在于煤焦油、各类炭黑和煤、石油等燃烧产生的烟气,以及香烟烟雾、汽车尾气中,还存在于焦化、炼油等工业污水中。炭烤食物、油炸食物可能使苯并芘含量升高,但进入人体组织后,分解速度比较快。

苯并芘具有致癌、致畸、致突变性。在多环芳烃中,苯并芘污染最广,致癌性最强。苯并芘进入机体后:转化为羟基化合物或醌类者,是解毒反应;转化为环氧化物者,特别是转化成7,8-环氧化物,是一种活化反应;7,8-环氧化物再代谢产生7,8-二氢二羟基-9,10-环氧化物,便是最终致癌物。致癌物与DNA形成共价结合,造成DNA损伤,如果DNA不能修复,细胞就可能发生癌变。苯并芘与其他多环芳烃的含量有一定的相关性,所以一般都把苯并芘作为大气致癌物的代表。

苯并芘致畸:妊娠大鼠以口服1000 mg/kg,胎儿致畸。

苯并芘致突变:人体细胞经苯并芘培养,DNA发生多种变化。

第三节　杂环胺类化合物(HCA)

一、概述

杂环胺是富含蛋白质的食物在煎、炸、烤过程中蛋白质、氨基酸的热解产物,其化学结构是带杂环的伯胺。杂环胺可分为氨基咔啉和氨基咪唑氮杂芳烃两大类。杂环胺形成的主要前体物是肌肉组织中的氨基酸、肌酸或肌酐和糖类。杂环胺形成的途径主要有两种:蛋白质分解为氨基酸,然后在己糖的参与下转化为吡啶或吡嗪和醛,接着转化为杂环胺;肌酸转化为肌酐,再直接转化为杂环胺。只有游离氨基酸才能生成杂环胺,糖并不是杂环胺形成所需的必备条件,但突变物的生成量与糖或醛的含量具有相关性。

二、杂环胺的危害

杂环胺类化合物的主要危害是致突变,杂环胺是间接致突变物,在细胞色素 P450 作用下活化才具有致突变性,杂环胺的活性代谢物是 N-羟基化合物,经乙酰转移酶和硫转移酶作用,将 N-羟基代谢物转变成最终致突变物。Ames 试验表明,杂环胺在 S9 代谢活化系统中有较强的致突变性,其中 TA98 比 TA100 更敏感,提示杂环胺是致移码突变物。除诱导细菌基因突变外,杂环胺类化合物还可经 S9 活化系统诱导哺乳动物细胞的DNA 损害,包括基因突变、染色体畸变、姊妹染色体交换、DNA 断裂、DNA 修复合成和癌基因活化。但杂环胺在哺乳动物细胞体系中致突变性较细菌体系弱。

杂环胺类化合物的另一个重要危害是致癌作用。杂环胺化合物对啮齿类动物具不同程度的致癌性,致癌的主要靶器官为肝脏,其次是血管、肠道、前胃、乳腺、阴蒂腺、淋巴组织、皮肤和口腔等。最近发现杂环胺对灵长类也具有致癌性。

三、预防杂环胺污染食品的措施

(1) 改变不良烹调方式和饮食习惯。杂环胺化合物的生成与不良烹调加工方式有关,特别是过高温度烹调食物可以产生较多的杂环胺化合物。因此,烹调温度不要过高,避免过多食用烧烤煎炸的食物。采用一些能够减少杂环胺生成的烹饪加工方式,如水煮、蒸汽及微波炉烹调等。肉类烹调前先用微波炉处理,可以显著降低杂环胺的前体物肌酸的生成,从而减少杂环胺的产生;煎炸的鱼外面挂上一层淀粉再炸,也能预防杂环胺的形成。

（2）增加蔬菜、水果的摄入。膳食纤维有吸附杂环胺并降低其活性的作用。蔬菜、水果中的某些物质如酚类、黄酮类等活性成分有抑制杂环胺的致突变性和致癌性。

（3）灭活处理。次氯酸、过氧化酶等处理可使杂环胺氧化失活,亚油酸可降低杂环胺的诱变性。

（4）加强监测。加强食物中杂环胺含量监测,完善杂环胺的检测方法,同时,还要进一步研究杂环胺的生成及其影响因素、体内代谢、毒性作用及其阈剂量等,尽快制定食品中杂环胺的允许限量标准。

第四节 二 噁 英

一、概述

二噁英属氯化含氧三环芳烃类化合物,是目前人类创造的"毒性最强的毒物",英文名字"dioxin"。由于 Cl 原子在 1～9 的取代位置不同,构成 75 种多氯代二苯(PCDD)异构体和 135 种多氯二苯并呋喃(PCDF)异构体,通常总称为二噁英。其中有 17 种(2、3、7、8 位被 Cl 取代的)被认为对人类和生物危害最为严重。二噁英结构如图 8.1 所示。

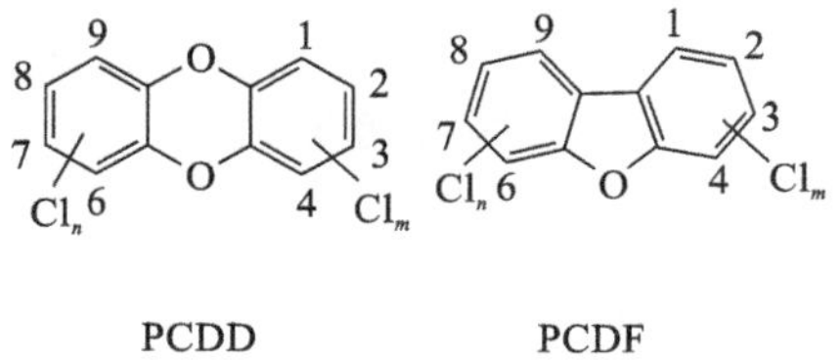

PCDD　　　　　PCDF

图 8.1　二噁英的分子结构

二噁英为白色结晶体,性质稳定,熔点 $302～305\ ℃$,$705\ ℃$ 开始分解。土壤中的半衰期为 12 天,气态二噁英在空气中光化学分解的半衰期为 8.3 天,在人体内降解缓慢,主要蓄积在脂肪组织中。

二、二噁英污染来源

在我国,人体血液、母乳和湖泊底泥中都检出了二噁英,含氯农药、木材防腐剂和除草剂等的生产都能产生二噁英,二噁英还作为杂质存在于一些农药产品如五氯酚中。

大气环境中的二噁英来源复杂,钢铁、有色金属冶炼,汽车尾气产生二噁英,含铅汽油、煤、防腐处理过的木材以及石油产品、各种废弃物特别是医疗废弃物在温度低于300~400 ℃时燃烧容易产生二噁英。聚氯乙烯塑料、纸张、氯气以及某些农药的生产都可向环境中释放二噁英。城市生活垃圾焚烧产生的二噁英受到的关注程度最高,焚烧生活垃圾产生二噁英主要有三种途径。

(1)在对氯乙烯等含氯塑料的焚烧过程中,焚烧温度低于800 ℃,不完全燃烧形成氯苯,后者成为二噁英合成的前体。

(2)其他含氯、含碳物质如纸张、木制品、食物残渣等经过铜、钴等金属离子的催化作用不经氯苯生成二噁英。

(3)在制造包括某些农药在内的化学物质,尤其是氯系化学物质,如杀虫剂、除草剂、木材防腐剂、落叶剂、多氯联苯等产品的过程中派生。

另外,电视机不及时清理,电视机内堆积起来的灰尘中,通常也会检测出溴化二噁英。

工业废油含有高浓度的二噁英,长期储存以及不当处置可能导致二噁英泄漏到环境中,导致人类和动物食物污染。环境中的二噁英可通过食物链(如饲料)富积在动物体中,由于高亲脂性,二噁英容易存在于动物脂肪和乳汁中。因此,肉、禽、蛋、鱼、乳及其制品最易受到污染。另外,在食品加工过程中,加工介质(如溶剂油、传热介质等)的泄漏也可造成加工食品被二噁英污染。

与农村相比,城市、工业区或离污染源较近区域的大气中含有较高浓度的二噁英,一般人群通过呼吸途径摄入的二噁英很少,但是垃圾焚烧从业人员血中的二噁英含量为常人的40倍左右。排放到大气环境中的二噁英可以吸附在颗粒物上,沉降到水体和土壤中,然后通过食物链的富集作用进入人体。食物是人体内二噁英的主要来源。经胎盘和哺乳可以造成胎儿和婴幼儿的二噁英暴露。

三、二噁英对健康的影响

落叶剂是一种工业合成的毒液,作用是杀死植物或使叶子掉光,有效成分是可导致先天畸形及致癌的剧毒物质二噁英。越南战争时期,美军实施了"牧场行动计划",用飞机向越南丛林喷洒了大量落叶剂。美军曾在越南岘港储藏和装运落叶剂。日本金泽医科大学和富山大学的研究人员与越南军医大学合作,以岘港当地2008年7月至2009年1月出生的153名儿童为对象,进行了世界上首个二噁英与自闭症倾向关系的研究。

研究小组在孩子出生1个月后,采集了母亲的母乳,对母亲体内蓄积的二噁英浓度和种类进行了分析。在孩子3岁的时候,母亲接受问卷调查,以确认儿童是否有自闭症倾向。研究人员在最新一期美国《分子精神病学》杂志上报告说,结果发现,毒性最强的四氯二苯并二噁英(TCDD)在母乳中的浓度越高,儿童的自闭症倾向越明显,表达意图的沟通能力和社交能力越差。

战后,越南出现了很多畸形儿,当年参战士兵妻子的自发性流产率、孩子出生缺陷率都高于常人,这些被认为都和落叶剂的使用有关。

二噁英干扰机体的内分泌,引起雌性动物卵巢功能障碍,抑制雌激素的作用,使雌性动物不孕、胎仔减少、流产等。低剂量的二噁英能使胎鼠产生腭裂和肾盂积水。给予二噁英的雄性动物会出现精细胞减少、成熟精子退化、雄性动物雌性化等。流行病学研究发现,在生产中接触二噁英的男性工人血清睾酮水平降低、促卵泡激素和黄体激素增加,提示二噁英可能有抗雄激素(antiandrogen)和使男性雌性化的作用。

二噁英有明显的免疫毒性,可引起动物胸腺萎缩,使细胞免疫与体液免疫功能降低等。

二噁英还能引起皮肤损害,在暴露的实验动物和人群中可观察到皮肤过度角化、色素沉着以及氯痤疮等的发生。二噁英染毒动物可出现肝脏肿大、实质细胞增生与肥大,严重时发生变性和坏死。

四、预防措施

(1) 建议国家控制食品中二噁英的来源。制定大气二噁英的环境质量标准以及每日可耐受摄入量。

(2) 积极提倡垃圾分类收集和处理,控制无组织的垃圾焚烧,通过采用新的焚烧技术,提高燃烧温度(1200 ℃以上),降低二噁英类物质的排放量。

第九章 食品添加剂对食品安全的影响

食品添加剂是以少量添加于食品中,以达到某种使用目的的物质。食品添加剂对改善食品的色、香、味,调整食品营养结构、改善食品加工条件、延长食品保存期发挥着重要作用。随着食品工业在世界范围内飞速发展和化学合成技术的进步,食品添加剂品种不断增加,产量持续上升。但是,由于食品添加剂不是食品天然成分,如果无限制地使用,就可能引起人体的某些毒害。近年来,随着毒理学研究方法的不断发展,已发现原来认为无害的食品添加剂也存在致癌、致畸、致突变等潜在危险。

中国在《食品添加剂使用卫生标准》(GB 2760—1996)中,将食品添加剂分为23类,分别为酸度调节剂、抗结剂、消泡剂、抗氧化剂、漂白剂、膨松剂、胶母糖基础剂、着色剂、护色剂、乳化剂、酶制剂、增味剂、面粉处理剂、被膜剂、水分保持剂、营养强化剂、防腐剂、稳定和凝固剂、甜味剂、增稠剂、香料、加工助剂。每类添加剂少则几种(如抗结剂5种),多则上千种(如食用香料1027种),总数达1500多种。

食品添加剂的功能很多,概括地讲主要有以下几种。

(1)改进食品风味,提高感官性能引起食欲。如松软绵甜的面包和糕点就是添加剂发酵粉的作用。

(2)防止腐败变质,确保食用者的安全与健康,减少食品中毒的现象。当食品在气温较高的环境里保管不当时,即使想在短时间不变质也是不可能的,可以说无防腐剂的食品不安全因素反而加大。

(3)满足生产工艺的需要,例如制作豆腐必须使用凝固剂。

(4)提高食品的营养价值,如氨基酸、维生素、矿物质等营养强化剂。

食品添加剂对人体的毒性作用主要有急性毒性作用和慢性毒性作用。急性毒性作用一般只有在误食或滥用的情况下才会发生,慢性毒性作用表现为致癌、致畸和致突变。食品添加剂具有叠加毒性,即单独一种添加剂的毒性可能很小,但两种以上组合后可能会产生新的较强的毒性,特别是当它们与食品中其他化学物质如农药残留、重金属等一同摄入时,可能使原来无致癌性的物质转变为致癌物质。另外,有资料表明一些食品添加剂如水杨酸、色素、香精等造成儿童产生过激、暴力等异常行为。

目前,各国在批准使用新的添加剂之前,首先要考虑其安全性,搞清其来源,并进行安全性评价,经过科学试验证明,确实没有蓄积毒性,才能批准投产使用,并严格规定其安全剂量。因此,食品添加剂对人体的危害,一方面是使用不当或超量使用造成的,另一方面是使用不符合卫生标准的食品添加剂或将化工用品用于食品生产中造成的,例如:过多摄入苯甲酸及其盐可引起肠炎性过敏反应;腌、腊制品添加过量的硝酸盐、亚硝酸盐会引起急、慢性食物中毒;一些色素在人体内蓄积会使人中毒或致癌等。"苏丹红(一号)"用于食品加工事件,就属于将化工用品用于食品生产加工中,造成了极大的食品化学危害。

中国将食品添加剂的管理纳入食品质量管理体系,除制定《食品添加剂使用卫生标准》外,还发布了《食品添加剂卫生管理办法》,对食品添加剂的生产、经营和使用都做出了明确的管理规定,要求生产、经营企业实行卫生许可制度;对食品添加剂的新产品、新工艺、新用途实行审批程序。

作为食品生产企业,在使用食品添加剂时应遵循以下原则。

(1)不影响食品感官性质和原味,对食品原有营养成分不得有降低、破坏作用。

(2)不得用于掩盖缺点(如腐败变质)或作为伪造手段。

(3)使用食品添加剂在于减少消耗,改善储藏条件,简化加工工艺,不得降低加工措施和卫生要求。

(4)未经卫生部门许可,婴儿及儿童食品不得加入食品添加剂,如色素等。

(5)食品添加剂的使用剂量,要严格符合《食品添加剂使用卫生标准》的要求。

(6)使用复合食品添加剂中的单项物质必须符合食品添加剂的各项有关标准。

(7)使用的进口食品添加剂必须符合中国规定的品种和质量的标准,并按中国有关规定办理审批手续。

第一节　食品防腐剂

食品防腐剂是能抑制食品中微生物的繁殖,防止由微生物引起的腐败变质、延长食品保质期的添加剂。我国规定使用的防腐剂有苯甲酸、苯甲酸钠、山梨酸、山梨酸钾、丙酸钙等30种。其作用机理如下。①能使微生物的蛋白质凝固或变性,从而干扰其生长和繁殖。②对微生物细胞壁、细胞膜产生作用。由于能破坏或损伤微生物细胞壁,或能干扰细胞壁合成,致使胞内物质外泄,或影响与膜有关的呼吸链电子传递系统,从而具有抗微生物的作用。③作用于遗传物质或遗传微粒结构,进而影响遗传物质的复制、转录、蛋白质的翻译等。④作用于微生物体内的酶系,抑制酶的活性,干扰其正常代谢。

食品防腐剂按来源可分为化学合成防腐剂和天然防腐剂两大类。化学合成防腐剂又分为有机防腐剂与无机防腐剂。前者主要包括苯甲酸、山梨酸等,后者主要包括亚硫酸盐和亚硝酸盐等。天然防腐剂,通常是从动物、植物和微生物的代谢产物中提取的。

如乳酸链球菌素是从乳酸链球菌的代谢产物中提取得到的一种多肽物质,多肽可在机体内降解为各种氨基酸,世界各国对这种防腐剂的规定也不相同,我国对乳酸链球菌素有使用范围和最大许可用量的规定。

食品在物理、生物化学和有害微生物等因素的作用下,可失去固有的色、香、味、形而腐烂变质,有害微生物的作用是导致食品腐烂变质的主要因素。通常将蛋白质的变质称为腐败,糖类的变质称为发酵,脂类的变质称为酸败。防腐剂可用来防止有害微生物对食品的破坏。但是随着消费者健康意识的增强,化学合成防腐剂愈来愈令人担心,于是出现了利用生物本身或生物代谢产物具有抗菌作用的天然物质来防腐,从而提高食品的安全性。这些天然的物质即生物防腐剂,目前开发应用较成功的就是乳酸链球菌素(nisin)。

防止微生物对食品的危害主要有以下几种方法:首先,防止微生物污染食物;第二,灭活有害微生物;第三,降低或者抑制受污染食品中微生物的生长,或使之失活。食品防腐剂主要是通过第三种方法(抑制食品中微生物的生长)起到防腐作用,食品防腐剂可以保证食品有较长的货架期。

防腐剂是能够防止腐败微生物生长,延长食品保质期的添加剂。目前各国使用的食品防腐剂种类很多。各种防腐剂的理化性质不同,每种防腐剂往往只对一类或某几种微生物有抑制作用,由于不同的食品中染菌的情况不一样,需要的防腐剂也不一样,所以在使用时,必须注意防腐剂应与食品的风味及理化特性相容,使食品的酸碱度处于防腐剂的有效范围内,另外,防腐剂必须按添加剂标准使用,不得任意滥用。

一、苯甲酸及其盐

苯甲酸(benzoic acid)无臭或略带安息香气味,为白色有丝光的鳞片或针状结晶性粉末,在空气中微有挥发性,水溶液显酸性。在乙醇、氯仿或乙醚中易溶,在沸水中溶解,在水中微溶,熔点为121～124.5 ℃。苯甲酸天然存在于酸果蔓、梅干、肉桂、丁香中,属芳香族酸,其游离酸具有抗菌活性,为一种广泛的消毒防腐剂,还可以作为香料。苯甲酸钠(sodium benzoate)为白色颗粒、粉末或结晶性粉末,无臭或略带臭气,味微甜带咸,比苯甲酸更易溶于水,在乙醇中略溶,在酸性食品中能部分转化为有活性的苯甲酸而起作用。苯甲酸进入人体内后,很快经小肠吸收进入肝脏,在酶的催化作用下大部分与甘氨酸结合生成马尿酸(甘氨酸苯甲酰),剩余部分与葡萄糖醛酸结合形成葡萄糖苷酸而被排出体外。

1. 苯甲酸及其钠盐防腐作用机理

苯甲酸类防腐剂是以其未离解的分子发生作用的,未离解的苯甲酸亲油性强,易通过细胞膜进入细胞内,干扰霉菌和细菌等微生物细胞膜的通透性,阻碍细胞膜对氨基酸的吸收,进入细胞内的苯甲酸分子,酸化细胞内的储碱,抑制微生物细胞内的呼吸酶系的活性,从而起到防腐作用。苯甲酸是一种广谱抗微生物试剂,对酵母菌、霉菌、部分细菌作用效果很好,在允许最大使用范围内,pH 4.5 以下,对各种菌都有抑制作用。其中以苯甲酸钠的防腐效果最好。

2. 苯甲酸及其钠盐在食品产业中的应用

苯甲酸(钠)是我国用量最大的食品防腐剂。我国碳酸类饮料年产量 500 万吨,年消耗苯甲酸钠 500 吨,加上其他产品的需求,食品工业对苯甲酸钠的需求量约 4000 吨。

苯甲酸和苯甲酸钠都可抑制酵母发酵,亦可抑菌,但苯甲酸钠抑菌力稍弱。在酸性软饮料中,引起败坏的主要微生物是酵母。这是因为酸性情况下细菌不易繁殖,而霉菌在氧供应不足的情况下(如密封、抽空、充二氧化碳等),也受到抑制,所以只有酵母易于生存。为防止酵母引起的败坏,果汁饮料有加热杀菌的工序,若同时使用防腐剂,则可在一定程度上降低加热杀菌条件而使制品品质提高。对碳酸饮料,除其本身的酸性环境外,也要加防腐剂以保证防止酵母及其他微生物可能引起的败坏作用。

酸碱性不同苯甲酸和苯甲酸钠作用效果不同,当 pH 在 3.5 以下时作用效果较好,当 pH 在 5 以上直到碱性时,抑菌效果显著降低。此外,软饮料的成分和微生物污染程度不同,其效果也不同。一般对 pH 为 2.0~3.5 的果汁,苯甲酸用量大约为 0.1%,但作为软饮料的许可使用量均低于 0.1%。

单独使用苯甲酸、苯甲酸钠不可能长时间起防腐作用,为此,往往和其他防腐剂并用,或与其他保存技术并用。苯甲酸钠的使用方法:先制成 20%~30% 的水溶液,一边搅拌,一边徐徐加入果汁或其他饮料中。若突然加入,或加入结晶的苯甲酸,则难溶的苯甲酸会因析出沉淀而失去防腐作用,对浓缩果汁要在浓缩后添加,因苯甲酸在 100 ℃ 时开始升华。

苯甲酸和苯甲酸钠一般只限于蛋白质含量较低的食品,如碳酸饮料、酱油、酱类、蜜饯、果蔬及其他酸性食品的保藏。我国食品添加剂使用标准对苯甲酸、苯甲酸钠、山梨酸、山梨酸钾、二氧化硫等已做了规定,可参照《食品添加剂使用卫生标准》(GB 2760—1996),一般在碳酸饮料中苯甲酸、苯甲酸钠最大使用量为 0.2 g/kg,低盐酱菜、酱类、蜜饯最大使用量为 0.5 g/kg。在食品中使用的量为 0.5~2.5 g/kg。

3. 苯甲酸及其钠盐对人体的影响

苯甲酸进入人体后,在 9~15 小时内可从尿中排出,剩余部分与葡萄糖化合而解毒。因上述解毒作用是在肝脏内进行的,对人体无害,但肝功能不好的人不宜食用。过量食入苯甲酸会引起流口水、腹泻、肚痛、心跳快等症状,长期使用可能导致皮肤过敏。

二、山梨酸及其盐

山梨酸类防腐剂有山梨酸、山梨酸钾和山梨酸钙三种。山梨酸为不饱和六碳酸,白色针状粉末或结晶,在冷水中较难溶解,在热水中溶解度为3%左右,易溶于酒精。在空气中长时间放置容易氧化、变色。溶液酸碱性影响山梨酸的防腐能力,pH值越低,防腐能力越强。由于山梨酸不溶于水,使用时须先将其溶于乙醇或硫酸氢钾中,使用不方便且有刺激性,故一般不常用;山梨酸钾为白色或淡黄色结晶、粉末或颗粒,易溶于水,溶解度比山梨酸大,在20℃的酒精中溶解度为25 g,在空气中放置易吸潮分解。山梨酸钾使用范围广,无或微有臭味,易氧化而变褐色,对光、热稳定,相对密度1.363,在熔点270℃分解,其1%溶液的pH为7~8。

山梨酸、山梨酸钾和山梨酸钙作用机理相同,主要是通过抑制微生物体内的脱氢酶系统,抑制细菌、霉菌、酵母菌生长,具有较高的抗菌性能,其效果随pH值的升高而减弱,pH达到3时抑菌达到顶峰,pH达到6时仍有抑菌能力。山梨酸、山梨酸钾和山梨酸钙毒性比苯甲酸类和尼泊金酯小,日允许量为25 mg/kg,是苯甲酸的5倍,尼泊金酯的2.5倍,是一种相对安全的食品防腐剂,动物实验以添加8%山梨酸的饲料喂养大鼠,经90天,大鼠肝脏微肿大,细胞轻微变性。山梨酸大鼠经口 LD_{50} 为10.5 g/kg,山梨酸钾的大鼠经口 LD_{50} 为4.2~6.17 g/kg。

三、对羟基苯甲酸甲酯

对羟基苯甲酸甲酯也称尼泊金甲酯或羟苯甲酯,白色结晶性粉末或无色结晶,易溶于醇、醚和丙酮,极微溶于水,沸点270~280℃。对羟基苯甲酸甲酯主要用作有机合成、食品、化妆品、医药的杀菌防腐剂,也用作用于食品防腐剂。对羟基苯甲酸具有酚羟基结构,抗细菌性能比苯甲酸、山梨酸都强。

对羟基苯甲酸酯类有对羟基苯甲酸甲酯、对羟基苯甲酸乙酯、对羟基苯甲酸丙酯、对羟基苯甲酸丁酯等,其中对羟基苯甲酸丁酯防腐效果最好。对羟基苯甲酸酯类最大的特点是系列产品多,抑菌谱广。对羟基苯甲酸酯类防腐机理是破坏微生物的细胞膜,使细胞内的蛋白质变性,并能抑制细胞的呼吸酶系和电子传递酶系的活性。

对羟基苯甲酸酯类难溶于水,通常是先将其溶于氢氧化钠、乙酸、乙醇中,然后使用。为了更好地发挥防腐作用,最好是将两种或两种以上的该酯类混合使用。对羟基苯甲酸乙酯一般用于酱油和醋以及一些水果饮料和果蔬保鲜。使用时可以添加、浸渍、涂布、喷雾使用,将其涂于表面或使其吸附在内部。在使用等量的防腐剂条件下,食品污染越严重,原始菌数越多,防腐效果越差。微生物的增殖过程中,开始是缓慢的诱导期,然后突然进入对数期,增殖非常迅速。食品添加剂的用量世界各国都有限制,它通常只是抑制微生物,延长微生物增殖过程中的诱导期。如果食品微生物污染已非常严重,再使用防腐剂也无济于事。因此,在使用食品防腐剂时应保持良好的卫生条件,尽可能减少食品被微生物污染的可能,降低食品中的原始菌数。

对羟基苯甲酸酯类对黏膜和上呼吸道有刺激作用。目前,未见职业中毒的报道。

第二节 食品抗氧化剂

食品在储藏及保鲜过程中不仅会出现由于腐败菌群而导致的变质,而且还会因氧化作用而变质。氧化不仅会使食品中的油脂变质,而且还会使食品褪色、变色和破坏维生素等,降低食品的感官质量和营养价值,而且产生致癌物质、心血管疾病诱发因子等有害物质,引起食物中毒。

食品抗氧化剂是能阻止或延缓食品氧化变质、提高食品稳定性,延长储存期的食品添加剂。按其抗氧化机理,抗氧化剂可分为自由基吸收剂、酶抗氧化剂、氧清除剂、金属离子螯合剂几大类。

自由基吸收剂能吸收氧化产生的自由基,阻断自由基连锁反应。将油脂被氧化产生的自由基转变为稳定的产物,消除脂类氧化的自由基反应。如丁基羟基茴香醚、二丁基羟基甲苯等。

一般情况下,空气中的氧首先与脂肪分子结合产生 ROO・自由基,自由基吸收剂提供氢给予体 AH,即将 ROO・自由基吸收形成氢过氧化物。

$$ROO \cdot + AH \longrightarrow ROO + A \cdot$$

但产生的 A・自由基比 ROO・自由基更稳定。实践证明,酚类抗氧化剂与脂类自由基反应生成的自由基比较稳定。

脂类氧化产生的另一个自由基 R・,可以被自由基吸收剂的电子接受体消除。在生物组织中,维生素 K 便是电子接受体,可以直接消除 R・自由基。

在生物体中,各类自由基将酯类化合物氧化并产生过氧化物。酶抗氧化剂黄质氧化酶可以与产生的过氧化物作用生成超氧化物自由基,超氧化物自由基又被超氧化物歧化酶作用形成过氧化氢。过氧化氢又被过氧化氢酶作用转变为氧和水。牛奶不变质起主要作用的是牛奶中包含的黄质氧化酶和超氧化物歧化酶。

氧清除剂除去食品中的氧,延缓氧化反应的发生。例如抗坏血酸能清除食品中的氧,其本身被氧化成脱氢抗坏血酸。它与自由基吸收剂生育酚结合使用效果更优。

油脂中包含微量的金属离子,特别是两价或高价态重金属离子。他们之间具有一定的氧化还原势,可缩短自由基连锁反应引发期,加快酯类化合物的氧化速度。EDTA,柠檬酸,磷酸衍生物等能与金属离子螯合剂起螯合作用,因而阻止了金属离子的促酯类氧化作用。

中国允许使用的抗氧化剂有丁羟基茴香醚、二丁基羟基甲苯、没食子酸丙酯和异抗坏血酸钠。现简要介绍两种。

一、二丁基羟基甲苯

（1）理化性质　二丁基羟基甲苯，分子式 $C_{15}H_{24}O$，分子量 220.35。二丁基羟基甲苯为无色结晶性粉末，无臭、无味、不溶于水，可溶于乙醇或油脂中，对热稳定。在不饱和脂肪酸中加入二丁基羟基甲苯，可以通过氧化自身来保护油脂中的不饱和键，从而起到抗氧化作用。二丁基羟基甲苯比其他防腐剂稳定性强，并在加热制品中尤为突出，几乎完全能保持原有的活性。

（2）毒性作用　对于大白鼠经口投食的半数致死量 LD_{50} 值为 2.0 g/kg，二丁基羟基甲苯中毒的主要症状是行动失调。加大二丁基羟基甲苯的摄入量，动物的生长会受到抑制，肝脏的重量也会有所增加。用含 0.8% 的二丁基羟基甲苯的饲料喂养大白鼠，与对照组比较，处理组动物体重降低。

（3）使用范围与限量　二丁基羟基甲苯主要用于食用植物油、黄油、干制水产品、腌制水产品、油炸食品、罐头等食品的抗氧化作用。二丁基羟基甲苯的 ADI 值为 0～0.125 mg/kg，中国规定二丁基羟基甲苯的最大使用量不能超过 0.2 g/kg，在火腿、香肠等肉制品中一般用量为 0.5～0.8 g/kg，冷冻水产品一般为 0.1%～0.6%，果实类饮料一般为 10～20 mg/1000 mL，水果、蔬菜类罐头用量为 75～150 mg/kg。

二、异抗坏血酸与异抗坏血酸钠

（1）理化性质　异抗坏血酸的分子式为 $C_6H_7O_6$，分子量为 175，异抗坏血酸是一种白色或略带黄色的结晶性粉末，无臭，并有微酸味，易溶于水（水中溶解度为 40 g/100 mL，乙醇中的溶解度为 5 g/100 mL），水溶液呈酸性，0.1% 水溶液的 pH 值为 3.5；化学性质近似于抗坏血酸，具有强烈的还原性，遇光可缓慢分解并着色。干燥状态下性质非常稳定，但在水溶液中容易分解。异抗坏血酸钠分子式为 $C_6H_6NaO_6$，分子量为 197，异抗坏血酸钠也是白色或略带黄色的粉末或细粒状物质，无臭味，略带盐味，水溶性极强，100 mL 水中可溶解 55 g，几乎不溶于乙醇溶液，干燥状态非常稳定。

（2）毒性作用　用 0.62%～10% 的异抗坏血酸钠水溶液作为饮用饲料喂养小白鼠 13 周，当浓度增大到 5% 以上时开始出现死亡，而喂养大白鼠 10 周时，只有当浓度增大到 10% 时才开始出现死亡。对于大白鼠经口投食的半致死量 LD_{50}，异抗坏血酸为 5 g/kg，异抗坏血酸钠为 15.3 g/kg。用 2.5% 的水溶液喂养小白鼠 104 周，无异常现象发生，也无致癌作用。由此可见异抗坏血酸和异抗坏血酸钠为一种较为安全的添加剂。

（3）使用范围与限量　异抗坏血酸和异抗坏血酸钠具有强烈的还原性,常用于抗氧化剂,该制品广泛用于啤酒、果汁、果酱、水果、蔬菜、罐头、肉制品、冷冻水产品、盐藏水产品等。特别是在肉制品的加工中,异抗坏血酸和异抗坏血酸钠常和亚硝酸盐并用来提高肉制品的发色或固色效果。在水产品中常用于防止不饱和脂肪酸的氧化以及由于氧化产生的异味,用于果实罐头制品中可以防止褐变。在火腿、香肠等肉制品中一般用量为 0.5~0.8 g/kg,冷冻水产品一般用 0.1%~0.6% 的水溶液浸泡或喷雾,果实类饮料一般用量为 10~20 mg/1000 mL,水果、蔬菜类罐头用量为 75~150 mg/kg,异抗坏血酸及其盐毒性低,无需规定 ADI 值。

第三节　食品护色剂与漂白剂

一、护色剂

护色剂也称发色剂,是指食品加工工艺中为了使果蔬制品和肉制品等呈现良好色泽所添加的物质。护色剂自身无色,但可同食品中的色素发生反应形成一种新物质。这种新物质,可加强色素的稳定性,从而达到护色的目的。随着食品工业的发展,护色剂应用越来越广泛。

护色剂作为食品添加剂之一,与其他添加剂共同作用,在改善和提高食品色、香、味及口感,保持和提高食品的营养价值方面发挥着重要作用。

1. 硝酸盐（钠或钾）或亚硝酸盐（钠、钾）

硝酸钠分子式为 $NaNO_3$,分子量为 84.99。硝酸钠是无色透明结晶或白色结晶性粉末,味咸、微苦,有吸湿性,溶于水,微溶于乙醇。亚硝酸钠分子式为 $NaNO_2$,分子量为 69.00,为白色或微黄色结晶性粉末,无臭,味微咸,易吸潮,易溶于水,微溶于乙醇。在空气中可吸收氧而逐渐变为硝酸钠。

（1）护色原理　为使肉制品呈鲜艳的红色,在加工过程中多添加硝酸盐（钠或钾）或亚硝酸盐。硝酸盐在细菌硝酸盐还原酶的作用下,还原成亚硝酸盐。亚硝酸盐在酸性条件下会生成亚硝酸。在常温下,也可分解产生亚硝基（NO）,亚硝基会很快与肌红蛋白反应生成稳定、鲜艳、亮红色的亚硝化肌红蛋白,可使肉类食品保持新鲜。在肉制品中亚硝酸盐对微生物增殖有一定的抑制作用。

（2）毒性作用　硝酸盐在食物、水或胃肠道中,尤其是在婴幼儿的胃肠道中,易被还原为亚硝酸盐,亚硝酸钠是一种毒性较强的物质,大量摄取可使正常的血红蛋白（二价铁)变成高铁血红蛋白(三价铁),失去携氧的功能,导致组织缺氧。症状为头晕、恶心、呕吐、全身无力、心悸、血压下降等。严重者会因呼吸衰竭而死亡。潜伏期仅为 0.5～1 小时。

肉制品中的护色剂亚硝酸盐能与多种氨基化合物(主要来自蛋白质分解产物)反应,产生致癌的 N-亚硝基化合物(如亚硝胺等)。亚硝胺是国际上公认的一种强致癌物,动物试验结果也有所证明。

(3) 使用范围与限量　硝酸盐和亚硝酸盐是必须控制限量的添加剂。欧共体儿童保护集团建议亚硝酸盐不得用于儿童食品;中国规定硝酸钠(钾)和亚硝酸钠(钾)只能用于肉类罐头和肉类制品,最大使用量分别为 0.5 g/kg 及 0.15 g/kg;残留量以亚硝酸钠计,肉类罐头不得超过 0.05 g/kg,肉制品不得超过 0.03 g/kg;硝酸钠与亚硝酸钠的 ADI 值分别为每千克体重 0～3.7 mg 和 0～0.06 mg。

二、食品漂白剂

漂白剂是能使色素褪色或使食品免于褐变的食品添加剂。漂白剂可分为氧化漂白剂和还原漂白剂两类。氧化漂白剂有溴酸钾和过氧化苯甲酰,多用于面粉,又称为面粉改良剂或面粉处理剂。还原漂白剂是当其被氧化时将有色物质还原而呈现强烈的漂白作用的物质,通常应用较广。常用的有亚硫酸钠、低亚硫酸钠(即保险粉)、焦亚硫酸钠、亚硫酸氢钠和硫黄。

1. 过氧化苯甲酰

过氧化苯甲酰别名为过氧化二苯(甲)酰,分子式为 $C_{14}H_{10}O_4$,分子量为 242.23,结构式如图 9.1 所示。

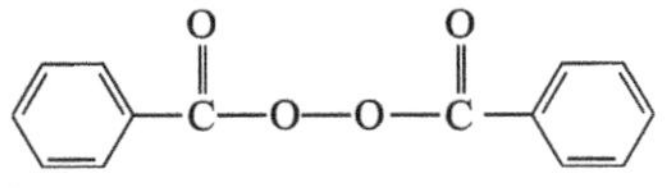

图 9.1　过氧化苯甲酰分子结构

过氧化苯甲酰为白色或淡黄色的粉末状固体或白色结晶,稍有苯甲醛气味,有杏仁味,不溶于水,难溶于乙醇,溶于苯、乙醚、丙酮及氯仿等。在碱性溶液中缓慢分解,是一种高活性的氧化剂,可被还原成苯甲酸。过氧化苯甲酰可抑制革兰阳性细菌、革兰阴性细菌、念珠菌等,促进皮肤创伤和伤口溃疡细胞修复和伤口愈合,具有广谱抗菌作用,尤其是抗厌氧菌,外用治疗痤疮,能穿透粉刺,释放新生态氧,抑制痤疮杆菌游离脂肪酸形成。与维生素 A 合用有协同作用。

过氧化苯甲酰在食品工业中作为面粉增白剂,它在面粉中水分和酶的作用下,释放出活性氧,使面粉中叶黄素、胡萝卜素等色素的共轭双键被氧化破坏而褪色,使面粉变白,同时面粉中原有的麦香味会消失。过氧化苯甲酰最快在 24 小时对面粉起漂白作用。2 周达到漂白最高值,同时生成的苯甲酸对面粉有防霉等作用。

过氧化苯甲酰的氧化作用可使面粉中蛋白质的—SH 基氧化成—S—S 基,有利于蛋白质网状结构的形成,可明显改善小麦的后熟,使面粉熟化期从 2 个月缩短到 2～3 天,从而改善新麦粉面制品的口感。

过氧化苯甲酰可抑制小麦粉中蛋白质分解酶的活性,增强面团弹性、延伸性、持气性,改善面团质构,提高焙烤制品的质量,提高小麦在加工时的出粉率。在面粉中按 0.06 g/kg 添加过氧化苯甲酰,可以使面粉的白度增强,出粉率提高 3%～5%。

但过氧化苯甲酰对面粉中所含的 β 胡萝卜素及维生素、叶酸等均有较强破坏作用。过氧化苯甲酰在面粉中分解的苯甲酰、苯甲酸、苯酚在肝脏内进行代谢,如果随面粉进入的量比较大,将会加重肝脏负担。长期食用含有过氧化苯甲酰的面粉会造成慢性中毒,引起神经衰弱、头晕乏力等。对人体产生危害。

过氧化苯甲酰对眼睛、皮肤和黏膜有刺激作用,应避免直接接触。

过氧化苯甲酰在面粉中水解生成的苯甲酸随食品进入人体后,90% 可与甘氨酸结合成马尿酸随尿液排出,部分与葡萄糖醛酸结合成苯甲酰葡萄糖醛酸而使毒性大大降低。

目前 FAO/WHO 联合国食品法规委员会允许在面粉中使用过氧化苯甲酰,美国、加拿大、澳大利亚、新西兰等国家也同样允许。我国自 2011 年 5 月 1 日起,禁止在面粉中添加过氧化苯甲酰、过氧化钙。

2. 亚硫酸钠

亚硫酸钠分子式为 Na_2SO_3,为无味的白色结晶或粉末。在水中易溶解,水溶液呈碱性,与酸作用产生二氧化硫,有强还原性,在空气中逐步被氧化为硫酸钠。亚硫酸钠在溶液中会水解,产生亚硫酸,亚硫酸有一定的漂白作用,是亚硫酸与有机色质直接结合成无色的化合物所致。

(1)毒性作用 亚硫酸盐的兔经口 LD_{50} 为 600～700 mg/kg(以二氧化硫计),大鼠静脉注射 LD_{50} 为 115 mg/kg。食品中亚硫酸盐的毒性取决于亚硫酸盐氧化生成二氧化硫的速度、量与浓度。亚硫酸盐在生物体内氧化生成硫酸盐,硫酸盐又可以生成亚硫酸,亚硫酸十分容易刺激消化道黏膜。让狗经口摄入 6～16 g 的亚硫酸盐,20 天后发现狗的 2～3 个内脏出血,但少量的喂食未发现异常现象。

(2)使用范围及限量 根据中国《食品添加剂使用卫生标准》规定:亚硫酸钠用于糖果、各种糖类(葡萄糖、饴糖、蔗糖等)、蘑菇等罐头中最大用量为 0.6 g/kg;蜜饯中最大用量为 2.0 g/kg;葡萄、黑加仑浓缩汁的最大用量为 0.6 g/kg。残留量以二氧化硫计,蘑菇罐头类不得超过 0.05 g/kg,食糖等其他品种不得超过 0.1 g/kg,葡萄、黑加仑浓缩汁不得超过 0.05 g/kg。ADI 值为 0～0.7 mg/kg(以二氧化硫计)。

第四节 食品调味剂

味觉是食品中不同物质刺激味蕾,通过味神经传送到大脑后的感觉。生理学上将味觉分为酸、甜、苦、咸四种基本味。常用的调味剂有酸味剂、甜味剂、鲜味剂、咸味剂和苦味剂等。其中苦味剂应用很少,咸味剂一般使用食盐(中国并不作为添加剂管理),最常用的是甜味剂。

一、糖精和糖精钠

甜味剂是赋予食品甜味的食品添加剂。按来源可分为天然甜味剂与合成甜味剂两大类,天然甜味剂又分为糖与糖的衍生物,以及非糖天然甜味剂两类。通常所说的甜味剂是指人工合成的非营养甜味剂、糖醇类甜味剂和非糖天然甜味剂三类。至于葡萄糖、果糖、蔗糖、麦芽糖和乳糖等物质,虽然也是天然甜味剂,因长期被人们食用,且是重要的营养素。中国通常视为食品原料,不作为食品添加剂对待。糖精和糖精钠是中国许可使用的甜味剂。糖精钠分子式为 $C_7H_4NO_3SNa \cdot 2H_2O$。

(1) 理化性质 糖精为白色结晶或粉末,甜度是蔗糖的 300 倍,在水中不易溶解,因此常用其钠盐。糖精钠又称可溶性糖精,为白色结晶或结晶性粉末,易溶于水也易溶于乙醇。一般含有两分子结晶水,可形成针状结晶。若在它的水溶液中加入 HCl 即可形成游离态的糖精,其甜度随使用条件不同而有所变化,一般是砂糖的 350～900 倍。

(2) 毒性作用 一般认为糖精在体内不能被利用,大部分从尿中排出而且不损害肾功能,不改变体内酶系统的活性,全世界曾广泛使用糖精数十年,尚未发现对人体的毒害表现。20 世纪 70 年代美国食品药品监督管理局(FDA)对糖精动物实验发现有致膀胱癌的可能,因而一度受到限制,但后来大规模的流行病学调查表明,在被调查的数千名人中未观察到使用糖精有增高膀胱癌发病率的趋势。1993 年 JECFA 重新对糖精的毒性进行评价,不支持食用糖精与膀胱癌之间可能存在联系。糖精是所有甜味剂中价格最低的一种,虽然安全性基本得到肯定,但考虑到其苦味,不是天然食品成分,消费者对其毒性忧虑的心理因素等,它可能将被其他安全性高的甜味剂所代替。

(3) 使用范围与限量 中国规定糖精钠可用于酱菜类、调味酱汁、浓缩果汁、蜜饯类、配制酒、冷饮料、糕点、饼干和面包,最大使用量为 0.15 g/kg;盐汽水的最大使用量为 0.08 g/kg,浓缩果汁按浓缩倍数的 80% 加入。但是,婴儿代乳食品不得使用糖精。糖精的 LD_{50} 为每千克体重 17.5 g 或 4～8 g,ADI 为每千克体重 2.5 mg。

二、味精

味精的化学成分为谷氨酸钠,是一种鲜味调味料,化学式为 $C_5H_8O_4NNa \cdot H_2O$,熔点为 232 ℃。通常为白色结晶或粉末,易溶于水,无臭,对光稳定。味精能刺激味蕾,增加食品特别是肉类和蔬菜的鲜味,缓和碱、酸、苦味,常添加于汤料和肉制品中。

味精可用小麦面筋等蛋白质原料制成,也可由淀粉或甜菜糖蜜中所含的焦谷氨酸制成,还可用化学方法合成。谷氨酸钠在人体内参与蛋白质正常代谢,促进其氧化,对脑神经和肝脏有一定的保健作用。谷氨酸钠提供的谷氨酸可与血氨结合起到解毒作用。

1. 味精性能

味精的鲜度极高,但其鲜味只有与食盐并存时才能显出。所以在无食盐的菜肴里(如甜菜)不宜放味精。另外,谷氨酸钠是一种两性分子,在碱性溶液中会转变成毫无鲜味的碱性化合物谷氨酸二钠,并具有不良气味。当溶液呈酸性时,则不易溶解,并对酸味具有一定的抑制作用。所以当菜品处于偏酸性或偏碱性时,不宜使用味精(如糖醋味型的菜肴)。在原料鲜味极好(如干贝、火腿等)或用高级清汤制成的菜肴(如清汤燕菜)中不宜或应少放味精。

味精不能在高温条件下进行烹、炒、煎、炸,也不宜在开水中滚煮,理由如下。谷氨酸钠分子中含有 1 分子的结合水,当味精被加热到 120 ℃以上或在 100 ℃ 左右长时间加热时,会失去结晶水而变成无水谷氨酸钠,同时有一部分无水谷氨酸钠会发生分子内脱水,生成焦谷氨酸钠,这时不仅鲜味丢失,并且还会对人体产生危害。

谷氨酸虽非人体必需氨基酸,但在人体内参与许多代谢过程,具有重要的生理功能,具有较高的营养价值,能与血氨结合生成谷氨酰胺,解除组织代谢过程中所产生的氨毒害作用,参与脑蛋白代谢和糖代谢,改进和维持脑功能,可作为治疗肝病的辅助药物。

2. 味精的安全性

味精在长期使用过程中曾一度蒙受"不白之冤"。由于人们对味精的营养特性缺乏全面、科学的了解,认为味精没有营养,甚至对人体有害。一些人进餐后感到头痛、胸闷、恶心、呕吐、心悸、腹痛等不适就归咎于味精,称为"味精症状"。加之对"味精毒害健康"这类话题的反复炒作,味精曾一度被怀疑是不安全的增鲜调味品。但国际上许多权威机构都做过味精的各种毒理试验,到目前为止,还未发现味精在正常使用范围内对人体有任何危害的依据。

味精在长时间高温条件下会转变为焦谷氨酸钠,鲜味消失的同时还具有轻微的毒性。谷氨酸钠在人体代谢中会与血液中的锌结合,从而导致体内缺锌,因此对于哺乳期的妇女、婴幼儿来说应该尽量少吃或不吃味精。老人和儿童也不宜多食。高血压患者若食用味精过多,会增加钠的摄入,使血压更高。所以,高血压患者不但要限制食盐的摄入量,而且还要严格控制味精的摄入量,肾炎、水肿患者亦如此。

第五节　乳　化　剂

乳化剂是一种能改善乳化体中各种构相之间的表面张力,形成均匀分散体或乳化体的食品添加剂。乳化剂一般分为两类:一类是形成水包油(油/水)型亲水性强的乳化剂;另一类是形成油包水(水/油)型亲油性强的乳化剂。食品乳化剂使用量最大的是脂肪酸单甘油酯,其次是蔗糖酯、山梨糖醇酯、大豆磷脂等。乳化剂能稳定食品的物理状态,改进食品组织结构,简化和控制食品加工过程,改善风味、口感、延长货架期等。乳化剂是消耗量较大的一类食品添加剂,各国允许使用的种类很多,中国允许使用的有近 30种。在使用过程中它们不仅可以起到乳化的作用,还兼有一定的营养价值和医药功能。

一、蔗糖脂肪酸酯

蔗糖脂肪酸酯是蔗糖与食用脂肪酸所生成的单酯、二酯和三酯。脂肪酸可分为硬脂酸、棕榈酸和油酸等。

(1) 理化性质　蔗糖脂肪酸酯是白色或黄色粉末,或无色、微黄色的黏稠状的液体和软固体,无臭或稍有特殊气味。易溶于乙醇、丙酮。单酯可以溶于热水,但是二酯和三酯难溶于水。在乳化剂中单酯含量高,亲水性强,二酯和三酯含量高,亲油性强。软化温度为 $50\sim70$ ℃,分解温度为 $233\sim238$ ℃。在酸性或碱性时加热可被皂化。

(2) 毒性作用　蔗糖脂肪酸酯,大鼠口服的半数致死量 LD_{50} 为 39 g/kg,无亚急性毒性,ADI 为每千克体重 $0\sim20$ mg,属于比较安全的添加剂。

(3) 使用范围和限量　中国《食品添加剂使用卫生标准》规定,蔗糖脂肪酸酯用于肉制品、乳化香精、水果和鸡蛋的保鲜、冰淇淋、糖果、面包、八宝粥,最大使用量为 1.5 g/kg,用于乳化天然色素,最大使用量为 10.0 g/kg。

二、卵磷脂

卵磷脂是一种常用带电的两性表面活性剂,食品产业中所用的卵磷脂往往提取自大豆、蛋黄、牛奶、向日葵仁和油菜籽中。

大豆卵磷脂一般应用于巧克力和冰淇淋中,在乳液中的应用较少。卵磷脂可与其他天然乳化剂(如蛋白质等)混合制成混合乳化剂,以稳定乳状液。

卵磷脂是近来比较流行的保健品,它不但可以促进细胞的再生,延缓衰老,而且还可以降低胆固醇,预防心脑血管疾病的发生,因此备受中老年人的喜爱。

卵磷脂不可大量食用,过量食用卵磷脂会引起恶心、腹痛、腹泻、头痛、呼吸困难、气喘、呕吐和头昏眼花,还可以造成轻度的消化不良和便稀,食欲减退。过量食用卵磷脂还会引起血压降低、咳嗽、口臭、打喷嚏、喉咙肿胀、多汗、过敏性休克等。

第六节　食品膨松剂的安全

膨松剂(leavening agent)是食品加工中添加于生产焙烤食品的主要原料小麦粉中,并在加工过程中受热分解,产生气体,使面坯起发,形成致密多孔组织,使制品膨松、柔软或酥脆的一类物质。

膨松剂可分为生物膨松剂和化学膨松剂两大类。

一、生物膨松剂(酵母)

食品厂常用酵母作为生物膨松剂,酵母主要成分是蛋白质(占干重的 30%～40%),且其中必需氨基酸量充足,特别是赖氨酸含量较高。另一方面,酵母中还含有大量 B 族维生素,在每克干物质的酵母中,含 20～40 μg 硫胺素,60～80 μg 核黄素,280 μg 尼克酸。酵母主要用于面包和苏打饼干等焙烤食品的生产。

现广泛使用的酵母是由鲜酵母经低温干燥而成的活性干酵母。活性干酵母使用时应先用 30 ℃左右温水溶解并放置 10 分钟左右,使酵母菌活化。在面团发酵时酵母菌利用食品中的糖类及其他营养物质,先后进行有氧呼吸与无氧呼吸,产生 CO_2、醇、醛和一些有机酸,使面包疏松多孔,体积变大,口感变得疏松可口,满足人们的感官要求。在焙烤过程中形成酯类等多种与面包风味有关的物质,使面包具有独特风味(化学膨松剂无此作用)。利用酵母作膨松剂,需要注意控制面团的发酵温度,温度过高(35 ℃以上)时,乳酸菌大量繁殖,面团的酸度增加,而面团的 pH 值与其制品的容积密切相关,面团 pH 为 5.5 时,得到容积最大的成品。

二、化学膨松剂

化学膨松剂分为单一膨松剂和复合膨松剂。

1. 单一膨松剂

常用单一膨松剂为 $NaHCO_3$ 和 NH_4HCO_3,两者均是碱性化合物,在高温下分解产生气体,使面包疏松多孔,体积变大,口感变得疏松可口。$NaHCO_3$ 分解的残留物 Na_2CO_3 在高温下将与油脂作用产生皂化反应,使制品品质不良、口味不纯、pH 值升高、颜色加深,并破坏组织结构;NH_4HCO_3 分解产生的 NH_3 易溶于水形成 NH_4OH,使制品存有臭味、碱性增强,对于维生素类有严重的破坏性。NH_4HCO_3 通常只用于水分含量较少的产品,如饼干。

2. 复合膨松剂

复合膨松剂一般由以下三部分组成。

一是碳酸盐,包括碳酸氢钠(钾)、碳酸氢铵等,其用量占 20%～40%,主要作用是产气。

二是酸性盐或者有机酸,如硫酸钾铝、硫酸铝铵、磷酸氢钙和酒石酸氢钾等,用量为 35%～50%,作用是在高温下与碳酸盐反应,分解产生气体,控制反应速率,调节产品酸碱性,使产品疏松多孔,口感疏松可口。如硫酸钾铝和苏打粉可发生以下反应:

$$Al^{3+} + 3H_2O \Longrightarrow Al(OH)_3 + 3H^+$$

$$2H^+ + CO_3^{2-} \Longrightarrow H_2O + CO_2$$

三是助剂,如淀粉、脂肪酸、食盐等,其作用是改善膨松剂的保存性,防止吸潮失效,调节气体产生速率或使气体均匀逸出,助剂的含量一般是 10%～40%。

由于使用不正确,化学膨松剂的危害问题仍然非常突出。

摄入过多酸性膨松剂如硫酸钾铝、硫酸铝铵会导致铝超标,进入细胞的铝可与多种蛋白质、酶、三磷酸腺苷等人体重要物质结合,影响体内的多种生化反应,干扰细胞和器官的正常代谢,导致某些功能障碍,甚至出现一些疾病。进入细胞的铝还会使脑组织发生器质性病变,如记忆衰退、行动迟缓,甚至痴呆,是老年性痴呆症的罪魁祸首。长期过量摄入铝可造成铝在体内的富集,铝能置换出沉积在骨质中的钙,影响钙化组织,抑制骨生成,造成骨骼系统的损伤和变形,发生软骨病、骨质疏松等疾病。

第七节　食品色素的安全

食用色素即着色剂,是以食品着色和改善食品色泽为目的的食品添加剂。着色剂按其来源和性质可分为食用合成色素和食用天然色素两大类。

食用合成色素主要是指用人工合成的有机色素,按化学结构的不同可分成两类:偶氮类色素和非偶氮类色素。偶氮类色素按溶解性不同又分为油溶性和水溶性两类:油溶性偶氮类色素不溶于水,进入人体内不易排出体外,毒性较大,现在世界各国基本不再使用这类色素对食品进行着色。水溶性偶氮类色素较容易排出体外,毒性较低,目前世界各国使用的合成色素有相当一部分是水溶性偶氮类色素。此外,食用合成色素还包括色淀和正在研制的不吸收的聚合色素。色淀是由水溶性色素沉淀在许可使用的不溶性基质上所制备的特殊着色剂,其色素部分是许可使用的合成色素,基质部分多为氧化铝。

一、苋菜红

苋菜红亦称蓝光酸性红,为水溶性偶氮类色素,是中国允许使用的食用合成色素。

（1）理化性质　苋菜红为紫红色均匀粉末,无臭,可溶于水（0.01％的水溶液呈玫瑰红色）、甘油及丙二醇,不溶于油脂。耐光、耐热、耐盐、耐酸性也比较好,耐细菌性差。对柠檬酸、酒石酸等稳定,但在碱性溶液中则变成暗红色。苋菜红耐氧化、还原性差,不适于在发酵食品中使用。

（2）毒性作用　多年来苋菜红被认为安全性高,并被世界各国普遍使用。但是1968年报道本品有致癌性,1972年 FAO/WHO 联合食品添加剂专家委员会将其 ADI 值从 0～1.5 mg/kg 修改为 ADI（暂定）:0～0.75 mg/kg,1978年和1982年两次将此暂定值延期。1984年该委员会根据所收集到的资料再次进行评价,并在对鼠的无作用量 50 mg/kg 的基础上,规定其 ADI 为 0～0.5 mg/kg。

（3）使用范围和限量　中国规定,苋菜红可用于果味型饮料（液固体）、果汁型饮料、汽水、配制酒、糖果、糕点上彩妆、红绿丝、罐头、浓缩果汁、青梅及山楂制品、樱桃制品、对虾片的着色,最大使用量为 0.05 g/kg。人工合成色素混合使用时,应根据最大使用量按比例折算,红绿丝的使用量可加倍,果味粉色素加入量按稀释倍数的 50％加入。国外将本品用于果酱、果冻、调味苹果酱,最大使用量为 0.2 g/kg;小虾或对虾罐头,最大使用量为0.03 g/kg。

二、β胡萝卜素

β胡萝卜素是食用天然色素。食用天然色素主要是从植物组织中提取的色素,也包括来自动物和微生物的色素。植物色素如甜菜红、姜黄、β胡萝卜素、叶绿素等;动物色素如紫胶红（虫胶红）、胭脂虫红等;微生物色素如红曲红等。

按结构不同天然色素一般可分为叶啉类、异戊二烯类、多烯类、黄酮类、醌类,以及甜菜红和焦糖色素等。

食用天然色素一般成本较高,着色力和稳定性通常不如合成色素。但食用天然色素,特别是来自果蔬等食物的天然色素使人感到安全。因而各国许可使用的食用天然色素的品种和用量均在不断增加。中国许可使用的食用天然色素已达20多种。

β胡萝卜素存在于天然胡萝卜、南瓜、辣椒等蔬菜中,水果、谷物、蛋黄和奶油中也广泛存在,过去主要是从胡萝卜中提制(胡萝卜油),现在多采用化学合成法制得。

1. 理化性质

β胡萝卜素是以异戊二烯残基为单元组成的,红紫色至暗红色结晶性粉末,有轻微异臭和异味。不溶于水、丙二醇、甘油、酸和碱,几乎不溶于甲醇和乙醇,微溶于乙醚、石油醚、环己烷及植物油,溶于二硫化碳、苯、三氯甲烷,易溶于二氯甲烷、氯仿、二硫化碳等有机溶剂。稀溶液呈橙黄色或黄色,浓度增大时呈橙色至橙红色;对光、热、氧不稳定,不耐酸,但在弱碱性环境中比较稳定;不受抗坏血酸等还原剂的影响,重金属离子尤其是Fe^{3+}可促使其褪色;对油脂性食品的着色性能良好。

纯β胡萝卜素结晶在CO_2或N_2中储存,温度低于20 ℃时可长期保存,但在45 ℃的空气中储存6周后几乎完全被破坏。其油脂溶液及悬浮液在正常条件下很稳定。

2. 生理功能

β胡萝卜素为食用油溶性色素,具有良好的着色性能,其本身颜色因浓度的差异,可涵盖由红色至黄色的所有色系,着色力强,色泽稳定均匀,能与 K、Zn、Ca 等元素并存而不变色,非常适合油性产品及蛋白质性产品的食用橙色色素和营养强化剂,如人造奶油、胶囊、鱼浆炼制品、素食产品、速食面的调色等。而经过微胶囊处理的β胡萝卜素,可转化为水溶性色素,几乎所有食品都可使用,尤其适合于儿童食品。它还能用于药片糖衣着色,色泽、稳定性均优于柠檬黄、胭脂红等色素。

β胡萝卜素摄入人体后,在肝脏及小肠黏膜内经过酶的作用,可变成维生素 A,该转化酶能在体内维生素 A 缺乏时将β胡萝卜素转化为维生素 A,当体内维生素 A 增加到需要量时,该转化酶即停止转化,从而通过酶的自动控制来维持体内维生素 A 的需要。不会因过量摄食而造成维生素 A 中毒,是目前较安全补充维生素 A 的产品(单纯补充化学合成维生素 A,过量时会使人中毒)。β胡萝卜素维持眼睛和皮肤的健康,改善夜盲症、皮肤粗糙的状况。

β胡萝卜素具有的抗氧化、清除自由基的功能。β胡萝卜素分子(图 9.2)中含有多个双键,在光、热、氧气及活泼性较强的自由基离子的存在下,易被氧化,从而保护机体,减少脂质过氧化。

合成的β胡萝卜素作为食品添加剂,已被列入《食品安全国家标准食品添加剂使用标准》(GB 2760—2014),作为着色剂用于各大类食品,赋予食品色泽。

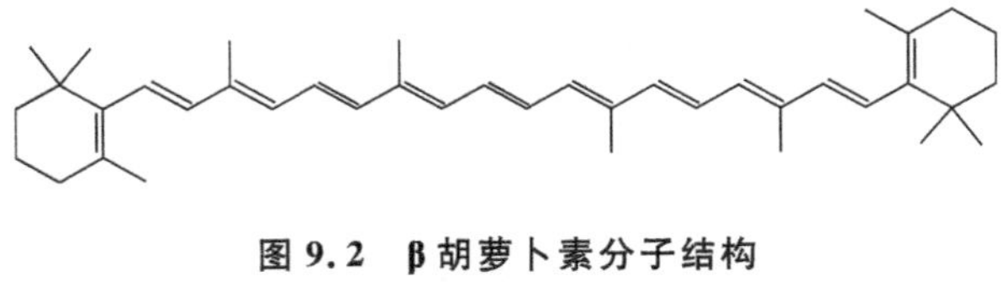

图 9.2 β胡萝卜素分子结构

3. 毒性作用

β胡萝卜素是食物的正常成分,并且是重要的维生素 A 原。天然β胡萝卜素安全性高,中国现已成功地从盐藻中提取天然的β胡萝卜素。化学合成品经严格的动物试验证明其安全性也高,目前世界各国普遍允许使用,性能可与天然 β 胡萝卜素相媲美,已正式批准使用。尽管日本将人工化学合成的 β 胡萝卜素作为化学合成品对待,但欧美各国多将其视为天然色素。

美国国立卫生研究院(NIH)的健康专家委员会认为,过量摄入 β 胡萝卜素会增加吸烟者患肺癌的风险。由于香烟中的氧化剂会氧化 β 胡萝卜素,在缺乏其他维生素如维生素 C 和维生素 E 的情况下产生更多的危害,肺癌的发病率增加了 28%。

4. 使用范围与限量

β 胡萝卜素可用于人造黄油,最大使用量为 0.1 g/kg。用于奶油、膨化食品,最大用量 0.2 g/kg。用于植脂性粉末的最大使用量为 0.05 g/g。

第十章　包装材料的卫生

食品包装在食品工业生产中已占据相当重要的地位,它的基本作用是使食品免受外界因素的影响。另外包装还可增加食品的商品价值。食品在生产加工、储运和销售过程中,包装材料中的某些有害成分可能转移到食品中造成污染,危害人体健康。随着包装容器和材料种类的不断增多,由此而带来的安全问题也引起人们的关注。

目前,食品包装材料有塑料、纸与纸板、金属(镀锡薄板、铝、不锈钢)、陶瓷与搪瓷、玻璃、橡胶、复合材料、化学纤维等。

第一节　塑料包装材料

一、常用塑料包装材料的性质和用途

1. 聚乙烯(PE)和聚丙烯(PP)

两种塑料都是氢饱和的聚烯烃。高压聚乙烯质地柔软,多制成薄膜,其特点是具有透气性,不耐高温,耐油性亦差。低压聚乙烯坚硬,耐高温,可以煮沸消毒。聚丙烯透明度好,耐热,具有防潮性(其透气性差),常用于制成薄膜、编织袋和食品周转箱等,毒性较低,属于低毒级物质。

2. 聚苯乙烯(PS)

聚苯乙烯也属于氢饱和烃,有透明聚苯乙烯和泡沫聚苯乙烯两个品种(后者在加工中加入发泡剂制成,如快餐饭盒)。用聚苯乙烯容器储存牛奶、肉汁、糖液及酱油等可产生异味;储放发酵奶饮料后,可能有极少量苯乙烯移入饮料,其移入量与储存温度、时间成正比。

单体苯乙烯及甲苯、乙苯和异丙苯在一定剂量时具有毒性。如苯乙烯可致肝肾重量减轻,抑制动物的繁殖能力。

3. 聚氯乙烯(PVC)

聚氯乙烯是氯乙烯的聚合物。聚氯乙烯塑料的相容性很广泛,可以加入多种塑料添加剂中。聚氯乙烯透明度较高,但易老化和分解。一般用于制作薄膜(大部分为工业用)、盛装液体用瓶,硬聚氯乙烯可制作管道。

未参与聚合的游离的氯乙烯单体被吸收后可在体内与 DNA 结合而引起毒性作用,主要作用于神经、骨髓系统和肝脏,同时氯乙烯也被证实是一种致癌物质。

4. 聚碳酸酯塑料(PC)

具有无毒、耐油脂的特点,广泛用于食品包装,可用于制造食品的模具、婴儿奶瓶等。美国 FDA 允许此种塑料接触多种食品。

5. 三聚氰胺甲醛塑料与脲醛塑料

前者又名密胺塑料,为三聚氰胺与甲醛缩合热固而成,后者为尿素与甲醛缩合热固而成,二者均可制作食具,且可耐 120 ℃高温。由于聚合时,可能有未充分参与聚合反应的游离甲醛,甲醛含量往往与模压时间有关,时间愈短则含量愈高。

6. 聚对苯二甲酸乙二醇酯塑料

可制成直接或间接接触食品的容器和薄膜,特别适合于制成复合薄膜。在聚合中使用含锑、锗、钴和锰的催化剂,因此应防止这些催化剂的残留。

7. 不饱和聚酯树脂及玻璃钢制品

以不饱和聚酯树脂加入过氧甲乙酮为引发剂,环烷酸钴为催化剂,玻璃纤维为增强材料制成玻璃钢,主要用于盛装肉类、水产、蔬菜、饮料以及酒类等食品的储槽,也大量用作饮用水的水箱。

二、塑料包装制品的安全问题

1. 塑料包装材料

用于食品包装的大多数塑料树脂材料是无毒的,但有的单体却有毒性,并且有的毒性较强,有的已证明为致癌物。如:聚苯乙烯树脂中的苯乙烯单体对肝脏细胞有破坏作用;聚氯乙烯、丙烯腈塑料的单体是强致癌物。另外,塑料添加剂,包括增塑剂、稳定剂、着色剂、油墨和润滑剂等,均有不同程度的毒性,在使用时可能转移到食品中。

2. 塑料包装物表面污染

塑料易于带电,其表面易吸附灰尘、杂质造成食品污染。

3. 包装材料回收处理不当

塑料包装材料在使用中易带入大量有害污染物质,回收处理不当时,极易造成食品污染。

第二节　橡　　胶

一、橡胶包装材料的性质

橡胶也是高分子化合物,有天然和合成两种。天然橡胶是以异戊二烯为主要成分的不饱和直链高分子化合物,在体内不被酶分解,也不被吸收,因此被认为是无毒的。但因工艺需要,常加入各种添加剂。合成橡胶是高分子聚合物,因此可能存在着未聚合的单体及添加剂的污染问题。

二、橡胶包装制品中污染物的毒性

合成橡胶单体因橡胶种类不同而异,大多是由二烯类单体聚合而成的。丁橡胶和丁二橡胶的单体为异丁二烯、异戊二烯,有麻醉作用,但尚未发现有慢性毒性作用。苯乙烯丁二橡胶蒸气有刺激性,但小剂量也未发现有慢性毒性作用。丁腈(丁二烯丙烯腈)耐热性和耐油性较好,但其单体丙烯腈有较强毒性,可引起流血并有致畸作用。美国已将其溶出限量由 0.3 mg/kg 降至 0.05 mg/kg。氯丁二烯橡胶的单体 1,3-二氯丁二烯,可致肺癌和皮肤癌,但有争论。硅橡胶的毒性较小,可用于食品工业,也可作为人体内脏器使用。

橡胶包装制品主要的添加剂有硫化促进剂、防老剂和填充剂。其中某些添加剂具有毒性,或对试验动物具有致癌作用。我国规定 α-疏基咪唑啉,α-硫醇基苯并噻唑(促进剂 M)、二硫化二甲并噻唑(促进剂 DM)、乙苯-β-萘胺(防老剂 J),对苯二胺类、苯乙烯代苯酚、防老剂 124 等不得在食品用橡胶制品中使用。

第三节　金属涂料

金属涂料是具有金属质感的涂料,多数需要对金属表面进行某种形式的预处理,改善表面状况,以利于提高涂层的附着力、增强对金属基材的防腐保护作用。用于食品包装金属容器中的涂料主要有以下几种。

一、溶剂挥干成膜涂料

溶剂挥干成膜涂料如过氧乙烯漆、虫胶漆等,是将固体涂料树脂(成膜物质)溶于溶剂中,涂覆后,溶剂挥干,树脂析出成膜。此种树脂涂料和加入的增塑剂与食品接触时,常可溶出造成食品污染。必须严禁采用多氯联苯和磷酸三甲酚等有毒增塑剂。溶剂也应选用无毒者。

二、加固化剂交联成膜树脂

加固化剂交联成膜树脂主要代表为环氧树脂和聚酯树脂。常用固化剂为胺类化合物。此类成膜后分子非常大,除未完全聚合的单体及添加剂外,涂料本身不会进入食品中。其毒性主要在于树脂中存在的单体环氧丙烷,与未参与反应的固化剂,如乙二胺、二乙烯三胺、三乙烯四胺及四乙烯五胺等。

三、环氧成膜树脂

干性油为主的油漆属于环氧成膜树脂。干性油在加入的催干剂(多为金属盐类)作用下形成漆膜。环氧树脂一般和添加物同时使用,添加物可按不同用途加以选择,常用添加物如固化剂、改性剂、填料、稀释剂等,其中固化剂是必不可少的添加物,黏接剂、涂料、浇注料都需添加固化剂,否则环氧树脂不能固化。环氧树脂及环氧树脂胶黏剂本身无毒,但由于在制备过程中添加了溶剂及其他有毒物,使不少环氧树脂"有毒",近年国内环氧树脂业正通过水性改性,保持环氧树脂"无毒"本色。目前绝大多数环氧树脂涂料为溶剂型涂料,含有大量的可挥发有机化合物(VOC),有毒、易燃,因而对环境和人体造成危害。此类漆膜不耐浸泡,不宜盛装液态食品。

四、高分子乳液涂料

聚四氟乙烯树脂为高分子乳液涂料的代表,可耐受 280 ℃的高温,属于防粘的高分子颗粒型涂料,多涂于煎锅或烘干盘表面,以防止烹调食品黏附于容器上。其卫生问题主要是聚合不充分,可能有含氟低聚物溶于油脂中。在使用时,加热不能超过其耐受温度 280 ℃,否则会使其分解产生挥发性很强的有毒害的氟化物。

第四节 陶瓷或搪瓷

一、陶瓷

陶瓷是陶土经过高温烧制而成的,只要不是在高重金属含量地区和高放射地区采集的陶土,对人体都没有危害,但是有些陶瓷器具对人体健康有一定的危害,因为它们在烧制前要上色,釉上彩中含有一定对人体有害的铅等金属,当人体摄入一定的铅时,会出现呕吐、恶心、腹痛等症状。铅会影响人的造血、神经、肾脏、血管和其他器官的功能。因此,使用陶瓷具时应注意以下几个问题。

(1)选陶瓷餐具时不要选用釉上彩的,特别是陶瓷餐具内壁不要彩绘。可选用釉下彩或釉中彩的,如青花就是一种人们喜欢以釉下彩的陶瓷。

(2)买回的陶瓷餐具,先用含 4‰食醋的水浸泡煮沸,这样可以去掉大部分有毒物质,大大降低陶瓷餐具对人体的潜在危害。

(3)不要长期用陶瓷餐具存放酸性食品和果汁、酒、咖啡等饮料。因为陶瓷餐具盛放酸性食品或饮料的时间越长,温度越高,就越容易溶解出铅,加重铅的毒副作用。

二、搪瓷

搪瓷又称珐琅,是指用石英、长石等为主要原料,并加入纯碱、硼砂等为溶剂,氧化钛、氧化锑、氟化物等为乳浊剂,金属氧化物为着色剂,经过粉碎、混合、熔融后,倾入水中急冷成珐琅浆,涂敷于金属制品表面,经过干燥、烧成制品。

搪瓷在金属表面进行瓷釉涂搪,使金属在受热时不在表面形成氧化层,并能抵抗各种液体的侵蚀,防止金属生锈,表现出的硬度高、耐高温、耐磨以及绝缘等优良性能,易于洗涤洁净,兼备了金属的强度和瓷釉华丽的外表以及耐化学侵蚀的性能。使搪瓷制品有了广泛的用途,日常生活中可以用作饮食器具和洗涤用具。

搪瓷以釉药涂于金属坯(搪瓷)上经 800～900 ℃高温炉烧结而成。搪瓷食具容器的卫生问题主要是釉料中重金属如铅、镉、锑移入食品中带来的危害,铅、镉、锑的溶出量(4%乙酸浸泡)分别应低于 1.0、0.5 与 0.7 mg/L。

第五节　铝制品与不锈钢

一、铝制品

铝制品是采用铝合金为主要原料加工而成的生活用品、工业用品的统称。铝合金是以铝为基质的合金总称。主要合金元素有铜、硅、镁、锌、锰,次要合金元素有镍、铁、钛、铬、锂等。铝合金密度低,但强度比较高,接近或超过优质钢,塑性好,可加工成各种型材,具有优良的导电性、导热性和抗蚀性,不易生锈,在空气中会与氧气反应形成一层致密的氧化铝膜,被用来制炊具,很受欢迎,工业使用量仅次于钢。

1. 铝对人体的毒害

铝盐进入人体可在人体内蓄积,导致脑病、骨病、肾病和非缺铁性贫血。

铝会通过血脑屏障等途径进入颅脑,使脑铝含量增加,神经元纤维变性,促进大脑衰老,引起早老性痴呆,出现记忆力下降,神志模糊,行为不协调(医学上称为共济失调)等。痴呆患者脑内有 30% 新皮层区的铝浓度大于 $4~\mu g/g$(干重),患者脑部神经元细胞核内,铝的含量为健康人的 4 倍,最大达 30 倍。研究人员认为,随时间推移,铝在脑中逐渐积累,就会杀死神经原,使人的记忆力丧失。

铝性脑病患者出现临床症状的严重程度与脑内铝含量成正比。其早期症状常是记忆力减退、性格孤僻、抑郁、精神不振、少活动、兴趣明显减退。中期表现为严重记忆障碍,智能明显降低,理解力、分析综合能力、判断力都明显下降,行为异常,易怒,无故打人骂人,甚至扰乱社会;晚期患者则会丧失语言能力,出现运动障碍、震颤、抽搐,生活不能自理,需要家属全面护理。

长期吃含有大量铝化物的食物会影响人体某些消化酶的活性,使人的消化功能减退,消化系统对铝的吸收,导致尿钙排泄增加,人体含钙不足,破坏人体钙、磷的正常比例,影响人体骨骼、牙齿的生长发育。铝摄入过多会沉积于骨中,直接损害成骨细胞的活性,从而抑制骨的基质合成,导致骨软化,出现骨痛、易骨折、肌肉疼痛及肌无力等症状。

过多地摄入铝会使人出现小细胞低色素性贫血合并网织红细胞计数降低性贫血。小儿摄入过多的铝可引起发育迟缓、肌张力下降、营养不良甚至小头畸形。

2. 铝危害的预防

铝的化学性质很活泼,在空气里容易被氧化,生成氧化铝薄膜。氧化铝薄膜虽然不溶于水,却能溶解于酸性和碱性溶液,盐也能破坏氧化铝,咸的菜汤类食物,如果长时间放在铝制品中,不但会毁坏铝制品,而且汤菜里也会溶进很多的铝元素。这些铝元素和食物发生化学反应,生成铝的化合物。由于铝制炊具,质轻软,在炒菜、盛饭过程中,铝铲、铝勺等与铝锅摩擦,产生肉眼看不见的铝屑,这些铝屑可随饭菜进入人体,能与糖、盐、酸、碱、酒等发生缓慢的化学反应而溶出较多的铝元素,从而增加了人们对铝元素的摄入。因此为了防止铝制炊具对人体健康的危害,用铝制炊具盛放盐、酸、碱类食物时间不要过久。铝锅应用竹木勺或无毒塑料勺盛饭,尽量不使用铝制炊具,可使用铁锅、砂锅、高压合金铝锅或不锈钢锅代替。铸铝锅只能用于蒸食品或储存干食品。熟铝锅只能盛水或蒸食品。不要用铝盐如硫酸铝钾($KAl(SO_4)_2$)作为净水剂。少吃或不吃使用含铝食品添加剂制作的油饼、油条、糕点、面包及饼干等食物。常吃核桃仁、芝麻、绿豆等健脑食品,加强健脑锻炼,多看书报、多思考、常下棋、多与人交谈,多参加适合老年人的体育活动可预防老年性痴呆症。

二、不锈钢

1. 概述

不锈钢是在铁铬合金中掺入其他微量元素而制成的。由于其金属性能良好,并且比其他金属耐锈蚀,制成的器皿美观耐用,所以越来越多地被用来制造餐具,并逐渐进入广大家庭。

不锈钢耐酸、碱、盐等化学侵蚀性介质腐蚀,又称不锈耐酸钢。实际应用中,常将耐弱腐蚀介质腐蚀的钢称为不锈钢,而将耐化学介质腐蚀的钢称为耐酸钢。不锈钢不一定耐化学介质腐蚀,耐酸钢一般均具有不锈性。不锈钢的耐蚀性取决于钢中所含的合金元素。

不锈钢餐具虽然好用,但它们一般都含有铬和镍,铬使产品不生锈,而镍耐腐蚀。此外,不锈钢餐具中还有钛、钴、锰和镉等微量元素,其中有些是人体必需的微量元素,在适量摄入的情况下有益于人体健康。但这些元素摄入过量会暂时在体内蓄积起来,长此以往则导致蓄积中毒。

2. 不锈钢对人体的危害

一方面,镍是一种人体所必需的微量元素,对健康有许多益处,但是镍摄入过多可以损害皮肤,引起呼吸系统病变,导致多种癌症的发生,并有致突变作用。大量口服镍会出现呕吐、腹泻、急性胃肠炎和齿龈炎等情况,而长期接触镍则能导致头发变白。

不锈钢含镉,镉是一种毒性很大的重金属,其化合物也基本为毒性物质,属于人体的非必需元素。有研究表明,人体内微量的镉可以对肺、骨、肾、心血管、免疫系统和生殖系统等产生毒害。

此外,不锈钢餐具中的铬也是人体所必需的微量元素,与镍相似,铬摄入过多或过少也会影响人体健康。大量铬的摄入可导致腹部不适及腹泻等症状,还容易使人体产生过敏性皮炎或湿疹。

在使用不锈钢炒锅时应尽量使其底部受热均匀,且火力不宜过大,否则会将食物烧煳,烧煳后不要用锐器铲刮烧焦物,因为锐器会损坏炒锅的光洁面,在使用几个月后若是炒锅表面起了一层细小的雾状物,可以使用沾上中性去污粉的软布轻擦,洗净后用布揩干,涂一层植物油膜并在小火上烤干,防止进一步生锈。

第六节　其他包装材料

一、玻璃制品

1. 概述

玻璃是非晶无机非金属材料,一般是用多种无机矿物(如石英砂、硼砂、硼酸、重晶石、碳酸钡、石灰石、长石、纯碱等)为主要原料,另外加入少量辅助原料制成的。它的主要成分为二氧化硅和其他氧化物。普通玻璃的化学组成是 Na_2SiO_3、$CaSiO_3$、SiO_2 或 $Na_2O \cdot CaO \cdot 6SiO_2$ 等,主要成分是硅酸盐复盐,是一种无规则结构的非晶态固体。广泛应用于建筑物,用来隔风透光。另外还有混入了某些金属的氧化物或者盐类而显现出颜色的有色玻璃,以及通过物理或者化学方法制得的钢化玻璃等。有时把一些透明的塑料(如聚甲基丙烯酸甲酯)也称作有机玻璃。

玻璃的化学稳定性非常好,可用来制作卫生要求更高的容器,如药瓶、酒瓶、酒杯等,玻璃由于具备透光性与反射性,而且容易上色,经常被运用于对光照与色彩有一定要求的场合,例如光学仪器与各种艺术装饰之中。现代技术给玻璃行业带来了新的生机与活力,同时也使玻璃的性能有了很大的提升。

2. 玻璃制品的安全性问题

玻璃本无毒,高档玻璃器皿(如高脚酒杯)制作时,常加入铅化合物,有些玻璃含有放射性的添加剂,如发光的稀土元素同位素,构成玻璃各种鲜艳颜色的重金属氧化物、硫化物或硫酸盐、铬酸盐,特种玻璃使用的硫化砷、硒化砷、氧化铊、氧化铍都有较严重的安全问题。当用这类玻璃容器盛装食品时,可溶出有害物质铅、砷等有害元素。在 4% 乙酸中溶出的金属主要为铅。在高温熔化时,少量汽化进而污染大气。

二、包装纸

1. 概述

包装纸(wrapping paper),是指用于包装的纸,强度高,含水率低,透气性小,无腐蚀作用,具有一定的抗水性,还很美观。用于食品包装的纸还要求卫生、无菌、无杂质污染等。

食品包装纸的品种规格最多,分为内包装用及外包装用两大类。直接接触食品的纸称为内包装纸,主要要求清洁,不带病菌,具有防潮、防油、防粘、防霉等特性。外包装纸主要为了美化和保护商品,除要求一定物理强度外,还需洁净美观,适于印刷多色的商品图案和文字。供牛奶、菜汁等液体饮料的包装纸,还必须具有防渗透性。为了能较长期保存、保鲜的需要,发展了纸与金属薄膜复合、纸与塑料及金属薄膜复合的特种饮料软包装纸(见食品包装容器)。为适应金属仪器及工具防锈的需要,发展了防锈纸。纸板中绝大部分也是供商品包装用的,主要用于制造纸箱、纸盒和包装衬垫。

2. 包装纸的安全性问题

(1)生产食品包装纸的原材料本身不清洁、存在重金属、农药残留等污染或采用了霉变的原料,使成品染上大量霉菌,甚至使用社会回收废纸做原料,造成化学物质残留。

(2)生产过程中添加了荧光增白剂,使包装纸和原料纸中含有荧光化学污染物。

(3)浸蜡包装纸中含有过高的多环芳烃化合物。

(4)彩色或印刷图案中油墨的污染。

三、复合包装材料

1. 概述

复合包装材料是两种或两种以上材料,经过一次或多次复合工艺组合在一起,构成一定功能的复合材料。一般可分为基层、功能层和热封层。基层主要起美观、印刷、阻湿等作用。功能层主要起阻隔、避光等作用,热封层与包装物品直接接触,起适应性、耐渗透性、良好的热封性,以及透明性等功能。

2. 复合包装材料的安全性问题

复合包装材料污染源主要是黏合剂。有的采用聚氨酯型黏合剂,它常含有甲苯、二异氰酸酯(TDI),蒸煮食物时,TDI 可以移入食品,水解可以产生具有致癌作用的 2,4-二氨基甲苯(TDA)。所以应控制 TDI 在黏合剂中的含量,美国 FAO 规定 TDI 在食物中含量应小于 0.024 mg/kg。我国规定由纸、塑料薄膜或铝箔粘合(黏合剂多采用聚氨酯和改性聚丙烯)复合而成的复合包装袋(蒸煮袋或普通复合袋),它的 4% 乙醇浸泡液中甲苯二胺含量≤0.004 mg/L。

第十一章 环境污染对食品安全的危害

第一节 环境污染与食品安全

环境污染和食品安全都与人类生命与健康息息相关,两者都是目前全球比较引人注目的两大焦点问题。食品是我们维持生命的必需品,食品安全问题影响国家、民族的发展。食品安全是由食品整个产业链中的各个环节共同保障的,包括从农副产品的生产到食品的加工、储存、运输和销售,直至消费,这些过程都离不开环境,若环境受到污染自然就会影响食品的安全性。因此,环境污染与食品安全密不可分。

在科技高速发展的当代,资源消耗也越来越严重,人们对环境的破坏越来越大,导致环境问题越来越严重,所以充分认识食品安全与环境污染之间的关系十分必要。

一、环境污染与食品安全的内在联系

我国《食品安全法》规定,食品安全是指食品无毒、无害,符合应有的营养要求,对人体健康不造成任何急性、亚急性或者慢性危害。食品污染包括生物性污染、化学性污染和物理性污染。其中,生物性污染包括微生物、寄生虫、昆虫及病毒的污染,化学性污染主要包括农药、兽药、渔药、重金属、N-亚硝基化合物、食品添加剂、包装材料等方面的污染,食品物理性污染为从食品外部来的物体或异物导致的污染,也包括放射性污染。在食品产业链的各个环节中,由于环境或人为因素的作用,可能使食品受到有毒有害物质的侵袭而造成污染,影响食品安全。

随着人类的繁衍,人类对大自然的索取越来越多,对资源和环境的压力也越来越大,严重影响了生态环境;科学技术的快速发展使得人类开发和利用自然资源的能力和范围不断扩大,废气、废水、废渣的污染日趋严重;人类为了追求农作物的高产,农药、化肥和一些其他化学品的生产和使用规模越来越大,这些化学合成品最终进入环境,无疑

给环境带来严重的污染。在这种环境中生长的食物或在这种环境中加工生产出来的各种产品,都可能不同程度地受到污染,最后这些受到污染的食品通过食物链进入人体,对人体健康可能造成各种危害。

二、环境污染对食品生产的影响

根据污染物在环境中存在的位置和进入环境途径的不同,可将环境污染物分为大气污染物、水体污染物和土壤污染物。

1. 大气污染

大气污染物是威胁食品安全的主要污染物,主要分为有害气体和颗粒物。有害气体如二氧化硫、氮氧化合物、一氧化碳、碳氢化物、光化学烟雾和卤族元素等;颗粒物主要指粉尘、酸雾、气溶胶等。污染物主要来源于燃料燃烧和工业生产:前者产生 SO_2、氮氧化物、碳氧化物、碳氢化合物和烟尘等;后者随所用原料和工艺不同而排出不同的有害气体和固体物质(粉尘),常见的有氟化物和各种金属及其化合物。这些大气污染物可以直接被人和动植物吸收,也可通过沉降和降水而污染水体与土壤,人类通过食用这些农作物而间接吸收一些有毒有害物质,从而威胁人体健康。

2. 水体污染

水体污染物的来源主要有工业污染源、生活污染源和农业污染源,而工业废水的排放是水体污染的最主要的来源。主要危害物包括重金属(汞、铅、镉、铬、砷)、有机物(多氯联苯、多环芳烃、酚类、石油)、农用化学物和富营养化物质。水体污染首先可导致饮用水受污染,其次,水体污染会导致水生物缺氧而死亡,还有一些藻类植物会因为水富营养化而迅速繁殖,重金属物质进入水中而危害水生物,从而影响水产品的质量,并且还会严重影响土壤的性能。

水体污染引起的食品安全问题,主要是通过污水中的有害物质在动植物中累积而造成的。水体污染物对陆生生物的影响主要是污水灌溉造成。污水灌溉可以使污染物通过植物的根系吸收,向地上部分以及果实中转移,使有害物质在作物中累积,同时有害物质也可直接进入水生动物体内,并蓄积。

3. 土壤污染

工业三废污染、化肥、农药和生物病原体、污水灌溉以及大气中的污染物沉降到土壤是土壤污染物的主要来源,主要危害物包括重金属(铅、镉、汞、砷)、放射性元素(锶、铯)、有机物(石油、多环芳烃、多氯联苯)、农用化学物。土壤是绝大多数绿色植物的"母亲",当进入土壤的污染物不断增加,致使土壤结构严重破坏,土壤微生物和小动物减少或死亡,污染物会通过植物的根茎进入组织内,从而使植物受到危害,农作物的产量会明显降低,作物体内毒物残留量增加,从而影响食用安全。

第二节　无机污染物对食品安全的影响

一、氟化物

氟化物是重要的大气污染物之一,主要来自生活燃煤污染及化工厂、铝厂、钢铁厂和磷肥厂排放的氟气、氟化氢、四氟化硅和含氟粉尘。农作物可以直接吸收空气中的氟,氟能够通过农作物叶片上的气孔进入植物体内,使叶尖和叶缘坏死,特别是嫩叶、幼叶受害严重。氟可以在生物体内富集,受氟污染的环境中生产出来的茶、蔬菜和粮食的含氟量远远高于空气中氟的含量。另外,氟化物会通过禽畜食用牧草后进入食物链,对食品造成污染,危害人体健康。

氟被吸收后,95％以上沉积在骨骼里。过多的氟进入人体后与羟基磷灰石晶体紧密结合,不易游离,使骨表面粗糙,骨密度增大或疏松,骨骼变形,形成残废性氟骨症,表现为齿斑、骨增大、骨质疏松、骨的生长速率加快。人体每日摄入氟 4 mg 以上会造成中毒,儿童主要表现为氟斑牙,神经系统受到损害,有的患者类似颈椎病或脊柱肿瘤,由于脊髓受压而出现四肢麻木、双下肢无力、压迫性截瘫、大小便失禁等。个别病例还可出现:抽搐、惊厥;甲状腺肿大,甚至出现心肝功能受损,运动障碍;反射亢进;肾或尿路结石,尿酶升高,尿蛋白,胃、肠功能紊乱,腹胀、腹痛。

二、煤烟粉尘和金属飘尘

煤烟粉尘是由炭黑颗粒、煤粒和飞尘组成的,产生于冶炼厂、钢铁厂、焦化厂和供热锅炉等烟囱附近,以污染源为中心周围几十公顷的耕地或下风向区域的农作物都会受到影响。随着工业的发展,在某些工厂附近的大气中,还含有许多金属微粒,如镉、铍、锑、铅、镍、铬、锰、汞、砷等。这些有毒污染物可以降落在农作物上、水体和土壤内,然后被农作物吸收并富集于蔬菜、瓜果和粮食中,通过食物和饮水在人体内蓄积,造成慢性中毒。这些物质对机体的危害,在短期内并不明显,但经过长期蓄积,会引起远期效应,影响神经系统、内脏功能和生殖、遗传等。

三、酸雨

大气中 SO_2 和氮氧化合物是酸雨的主要来源。矿物燃烧,含硫矿石冶炼和其他工

129

业生产过程中产生的硫和氮氧化合物,经过大气化学反应转化成硫酸和硝酸,再以酸性降雨的形式返回地球表面。酸雨会造成农作物生长不良,抗病能力下降,产量下降。不仅如此,酸雨进入土壤或水体时,还会使土壤和水体酸化。土壤中的锰、铜、铅、汞、镉等元素转化为可溶性化合物,使土壤重金属浓度增高,同时,水生生态系统中的动植物的生长及繁衍也会受到影响。

四、重金属污染物

重金属污染物多来源于矿山、冶炼、电镀、化工等工业废水。若使用未经处理或处理不达标的污水灌溉农田,会造成土壤和农作物的污染。重金属对植物的危害常从根部开始,然后蔓延至地上部分,受重金属影响,会妨碍植物对氮、磷、钾的吸收,使农作物叶黄化、茎秆矮化,从而降低农作物产量和质量。水体中重金属对水生生物的毒性,不仅表现为重金属本身的毒性,而且重金属可在微生物的作用下转化为毒性更大的金属化合物,如汞的甲基化作用。曾经轰动世界的"水俣病",就是日本九州岛水俣地区因长期食用受甲基汞污染的鱼贝类而引起的慢性甲基汞中毒。另外,水体中的重金属还可以经过食物链的生物放大作用,在水生生物体内富集,并通过食物进入人体,造成人类的慢性中毒。

五、氰化物

氰化物污染来自电镀、焦化、煤气、冶金、化肥和石油化工等工矿企业排放的工业污水。氰化物是一种能抑制多种金属酶活性、抑制生物呼吸作用的剧毒物质。氰化物可影响鱼、贝、藻类的呼吸作用。水中 CN^- 含量达到 $0.3 \sim 0.5$ mg/L 时,可使鱼致死。氰化物的最大允许浓度,对敏感的浮游生物和甲壳类为 0.01 mg/L,对抗性较强的水生动物也只有 0.1 mg/L。因此,为了防止氰化物污染的危害,世界卫生组织规定鱼的限量,游离氰(CN^-)为 0.03 mg/L,我国规定一般地面水和渔业水体中,游离氰的浓度不得超过 0.05 mg/L。

第三节 有机污染物对食品安全的影响

随着现代化石油化学工业的高速发展,产生了很多原来自然界没有、难分解、有剧毒的有机化合物。例如对环境危害极大的有机氯农药,其毒性大,化学性质稳定,残留时间长,且易溶于脂肪、蓄积性强,在水生生物体内富集,其浓度可达水中的数十万倍,不仅影响水生生物的繁衍,且通过食物链危害人体健康。

一、多氯联苯

多氯联苯(PCB)是联苯分子中一部分或全部氢被氯取代后所形成的各种异构体混合物的总称。多氯联苯有剧毒,脂溶性强,易被生物吸收,化学性质很稳定,在天然水和生物体内都很难降解,是一种很稳定的环境污染物。多氯联苯不易燃烧,强酸、强碱、氧化剂都难以将其分解,耐热性高,绝缘性好,蒸气压低,难挥发。多氯联苯作为绝缘油、润滑油、添加剂等被广泛用于变压器、电容器,以及各种塑料、树脂、橡胶等工业。

多氯联苯是目前联合国环境署致力消除的 12 种持久性有机污染物之一,存在于水体、空气和土壤中,可经皮肤、呼吸道和消化道吸收,消化道的吸收率很高,由于多氯联苯的脂溶性强,进入机体后可储存于各组织器官中,尤其是脂肪组织中含量最高,对人体构成危害。

人类接触多氯联苯影响机体的生长发育,孕妇多氯联苯中毒,胎儿发育将受到影响,发育极慢。多氯联苯使免疫功能受损,导致免疫力降低和癌症。多氯联苯对肝微粒体酶有明显的诱导作用,含氯量高的多氯联苯更为显著。多氯联苯能影响大鼠的生育力。动物长期小剂量接触多氯联苯可产生慢性毒作用,中毒症状表现为眼眶周围水肿、脱毛、痤疮样皮肤损害等。中毒动物肝细胞肿大,中央小叶区出现小脂肪滴和光面内质网明显增生。严重中毒的动物可见腹泻、共济失调、进行性脱水、中枢神经系统抑制等病症,甚至死亡。

多氯联苯的毒性因其本身的化学结构、动物种属、性别、投给方式以及所含杂质不同而有很大差别。人类可能是最敏感的种属,摄入少量的多氯联苯就能中毒。1968 年日本发生的米糠油中毒事件,受害者因食用被多氯联苯污染的米糠油而中毒,主要表现为痤疮样皮疹,眼睑浮肿和眼分泌物增多,皮肤、黏膜色素沉着,黄疸,四肢麻木,胃肠道功能紊乱等,严重者可发生肝损害,出现黄疸、肝性脑病,甚至死亡。多氯联苯对哺乳动物的急性毒性试验表明,按每公斤体重计算的半数致死量,家兔为 8～11 g,小鼠为 2 g,大鼠为 4～11.3 g。

二、含氮有机物

污水中除大部分是含碳有机物外,还包括含氮、磷的化合物,它们是植物生长、发育的养料,称为植物营养素。过多的植物营养素进入水体后,也会恶化水质、影响渔业生产和危害人体健康。含氮有机物最普遍的是蛋白质,含磷有机物主要有洗涤剂等。

蛋白质在水中的分解过程:蛋白质→氨基酸→胺及氨。随着蛋白质的分解,含氮有机化合物不断减少,而含氮无机化合物不断增加。此时氨在微生物作用下,可进一步被氧化成亚硝酸盐,进而氧化成硝酸盐。环境中氨基化合物可以通过微生物的代谢活动产生二级胺。硝酸盐、亚硝酸盐与二级胺(仲胺)是亚硝胺的前体,亚硝胺类化合物是世界公认的一类化学致癌物质。

另外,大量的硝酸盐会使水体中生物营养元素增多。对流动的水体来说,当生物营养元素增多时,因其可随水流而稀释,一般影响不大。但在湖泊、水库、内海、海湾、河口等地区的水体,水流缓慢,停留时间长,既适合植物营养元素的积累,又适合水生植物的繁殖,从而引起藻类及其他浮游生物迅速繁殖。当这些水体中植物营养物质积聚到一定程度时,水体过分肥沃,藻类繁殖特别迅速,使水生生态系统遭到破坏,这种现象称为水体富营养化。水体出现富营养化现象时,浮游生物大量繁殖,因占优势的浮游生物的颜色不同,水面往往呈现蓝色、红色、棕色等。这种现象在江河、湖泊中称为水华,在海洋上则称为赤潮。这些藻类有恶臭,有的还有毒,表面有一层胶质膜,鱼不能食用。藻类聚集在水体上层,一方面发生光合作用,放出大量氧气,使水体表层的溶解氧达到过饱和,另一方面藻类遮蔽了阳光,使底生植物因光合作用受到阻碍而死去。这些在水体底部的死亡的藻类尸体和底生植物在厌氧条件下腐烂、分解,又将氮、磷等植物营养元素重新释放到水中,再供藻类利用。这样周而复始,就形成了植物营养元素在水体中的物质循环,使它们可以长期存在于水体中。富营养化水体的上层处于溶解氧过饱和状态,下层处于缺氧状态,底层则处于厌氧状态,显然对鱼类生长不利,会造成鱼类大量死亡。同时,大量藻类尸体沉积水体底部,会使水深逐渐变浅,年深日久,这些湖泊、水库等水体会演变成沼泽,引起水体生态系统的变化。

三、含磷有机物

含磷有机物是指含碳-磷键的化合物或含有机基团的磷酸衍生物。含磷有机物包括核酸、辅酶、有机磷神经毒气、有机磷杀虫剂、有机磷杀菌剂、有机磷除草剂、增塑剂、抗氧化剂、表面活性剂、络合剂、有机磷萃取剂、浮选剂和阻燃剂等。

表面活性剂肥皂等洗涤剂是日常生活中不可缺少的洗涤用品。肥皂的离子端能溶于水,而烃链端能溶于脂肪。污垢通常是通过一层薄油膜附着在衣物上。油在水里不溶解,无法用水直接洗去油膜,而离子端能溶于水,和水紧紧相连,肥皂就在水和油垢之间起偶联作用,这样油垢就被带走了。但肥皂也有其缺点,在硬水中会生成难溶于水的脂肪酸钙和镁盐,或在酸性水中生成难溶于水的脂肪酸而丧失去垢力。

合成的洗涤剂分子中都同时具有亲水基团和憎水基团,如烷基苯磺酸钠,在此分子中,R通常是一个很长的烃链。它和硬水中的离子形成的烷基苯磺酸盐能溶于水,因而优于肥皂。但这种化合物若具有支链,则不能被微生物降解,在水体里形成泡沫也会造成水体污染。为消除这种现象,又合成了能被微生物降解的去垢剂,如线型烷基苯磺酸钠。日用洗涤剂中一般含有辅助剂,其中有聚磷酸盐(如三聚磷酸钠)、硫酸钠、碳酸钠、羧甲基纤维素钠、荧光增白剂、香料等,有时还加入蛋白质分解酶。这些辅助剂的加入能改善洗涤剂的功能。三聚磷酸盐占洗涤剂质量的 50% 左右,其作用是与水中钙、镁、铁等离子形成配合物,防止产生沉淀,使水软化,进一步增强洗涤剂的洗涤效率,也能使洗涤水有适当的酸碱度,以减少对皮肤的刺激;硫酸钠(Na_2SO_4)含量约占洗涤剂的 20%,其作用是促使污垢自衣物表面脱落;在洗涤剂组成中占 3%～10% 的碳酸钠(Na_2CO_3)的作用是使洗脱的污垢在水中溶解或悬浮;羧甲基纤维素钠在洗涤剂中占 0.05%～0.1%,它能使油垢凝聚而悬浮水中;荧光增白剂含量为 0.1%,洗涤衣物时被织物吸收后有增强洗涤衣服洁白感的效果;蛋白质分解酶的作用是使蛋白质污垢分解以便消除;香料用量一般为 0.05%～0.1%。

洗涤剂使用后的污水会给环境带来危害。洗涤剂进入人体的途径,一是饮水、食物通过消化道进入人体,二是皮肤接触吸收。表面活性剂本身对人体皮肤就有一定的刺激作用,若排入水中会使鱼类中毒,当其在水体中含量达到 10 mg/L 时,会引起鱼类死亡和水稻减产。另外,由于合成洗涤剂本身就是一种有机物分子,在水中可进行生物降解,分解的最终产物是 CO_2 和 Na_2SO_4。由于在分解过程中要消耗水中的溶解氧,水中含氧量降低,同时当洗涤剂在水体中含量达 0.5 mg/L 时,水中会漂浮起泡沫,这种泡沫覆盖水面也降低了水的复氧速度和程度,这必然会影响水生生物及鱼类的生存。而洗涤剂中的磷酸盐等物质排入水中,使水中浮游生物繁殖所需的氮、磷等营养元素增加,造成湖泊、海湾的水体富营养化。如今水体中磷的含量约有一半来自人类生活中使用的合成洗涤剂。所以,减少洗涤剂中的含磷量是防止水体发生富营养化、保护水质的重要措施。

四、酚类污染物

酚类污染物主要来自焦化厂、煤气厂、炼油厂、合成树脂、合成纤维、农药、化学试剂等工业废水。灌溉水中含有的酚类物质会在作物中蓄积,使其具有酚的臭味,影响作物产品质量。酚还能使鱼贝类水产品产生异臭味,降低其经济和食用价值。水中酚达到一定浓度时可影响水生动植物的生存,高浓度的酚(尤其是多元酚)能抑制水中微生物的生长繁殖,并影响水体的自净作用。

第十二章 加工食品的安全性

在食品生产过程中要利用多种加工技术,但有些加工技术本身或运用不当时存在很多安全隐患,是食品安全控制不可忽视的一环。

一、分离技术

(1)过滤 在食品的生产中常使用硅藻土等助滤剂提高过滤效率。有一些加工厂在硅藻土助滤剂中加入适量的蛇纹石棉纤维,依靠静电吸附机理滤除细菌,而石棉纤维有可能是致癌物质。

(2)萃取 食品加工过程中经常使用有机溶剂提取食品中的脂溶性的成分(如脂溶性维生素、生物碱或色素)和精炼油脂。大多数有机溶剂都具有一定毒性,尤其是苯、氯仿、四氯化碳等毒性较强的溶剂,如在食品中残留,会造成严重的危害。

(3)絮凝 在食品分离技术中常用到絮凝的方法,加入铝盐、铁盐和有机高分子类的絮凝剂,其中铝离子对人体有一定的危害。

(4)膜技术 膜分离技术主要是利用膜组件和膜装置对食品原料进行分离加工,具有无变相、节能及在常温下分离等特点。但由于膜自身不具备杀菌功能,大量杂质蓄积的一侧实际上是营养丰富的培养基,可促使杂菌繁殖,污染食品。

二、干燥技术

干燥技术有空气对流干燥、滚筒干燥、真空干燥、冷冻干燥等,这些技术的应用已经十分普及,但均存在一些安全问题。

(1)静态干燥时,可能存在切片搭叠而形成的死角。

(2)动态干燥时,干燥速率加快,但其内部水分扩散较慢,干燥速率会降低,干燥时间延长。

(3)食物中的酶或微生物不能得到及时的抑制,可能引起食品风味和品质发生变化,甚至变质,在油脂含量较高的食品中显得尤为突出。

三、蒸馏技术

在蒸馏过程中,由于高温及化学酸碱试剂的作用,产品容易受到金属蒸馏设备溶出重金属离子的污染,蒸馏出的产品可能存在副产品污染。

四、发酵技术

(1)发酵生产中会不同程度地产生一些对人体有害的副产品,如酒精发酵过程中形成的甲醇、杂醇油等。

(2)一些酵母可用来生产单细胞蛋白,但是酵母培养中核酸的含量占固形物的7%~12%,过多的食用核酸可能会对人体产生危害。

(3)某些发酵菌种如曲霉等在发酵过程中,可能产生某些毒素,危害食品安全。

(4)某些发酵添加剂本身就是有害物质,如在啤酒的糖化过程中为降低麦汁中花色苷的含量、改善啤酒的口感而添加的甲醛溶液,如果在糖化醪的煮沸过程中不能将甲醛消除干净,则会危害啤酒消费者的健康。

(5)发酵罐的涂料受损后,罐体自身金属离子的溶出,可造成产品中某种金属离子的超标,严重者使产品产生异味。酱油生产中常出现铁离子超标。

五、清洗技术

在食品加工过程中,洗涤剂和消毒剂可能本身对人体有危害,有些可能在配制过程中所采用的化学药品发生变性,由无毒的化学药品变为有毒物质。

六、杀菌和抑菌技术

除菌是用各种物理手段除去附着在对象物表面的微生物的技术,主要有如下几种。

(1)高压蒸汽灭菌　将食品(如罐头食品)预先装入容器,密封后采用高压蒸汽进行杀菌。一般121℃作用15~20分钟的杀菌强度可杀死所有的微生物(包括细菌芽胞)。如肉毒梭状芽胞杆菌耐热性很强,在杀菌不彻底时,能在pH 4.5以上的罐头中生长繁殖,并产生肉毒毒素引起食物中毒。

(2)巴氏消毒法　采用低于100℃以下的温度杀死绝大多数病原微生物的一种杀菌方式,目的是杀灭病原菌的营养体。一些耐热菌在条件成熟时易生长繁殖引起食物腐败,有的能产生毒素,引起食物中毒。

(3)药剂杀菌　很多杀菌剂对人体有害,如杀菌后残留在食品中,达到一定浓度时也会产生安全问题。如用环氧乙烷对乙烯塑料(包装用)灭菌时,会在其中形成较多的残留,进而将毒物带入食品。双氧水也存在相似的情况。

（4）辐射杀菌 使用 γ 射线、X 射线和电子射线等照射后,使核酸、酶、激素等钝化,导致细胞生理机能受到破坏、变异或细胞死亡。尽管一些实验证明摄入辐照后的食品对人体无害,但目前仍无证据证明长期服用高剂量照射食品对健康无害。

（5）紫外线 主要用于空气、水及水溶液、物体表面杀菌。如果直接照射含脂肪丰富的食品,会使脂肪氧化产生醛或酮,形成安全隐患。

（6）臭氧 臭氧杀菌是近几年发展较快的一种杀菌技术,常用于空气杀菌、水处理等。臭氧有较重的臭味,对人体有害,故对空气杀菌时需要在生产停止时进行。

（7）过滤 主要有空气过滤、水过滤、液体制品过滤。在过滤液体制品过程中,如制品中含有病毒和毒素,这一方法就显得无能为力。

第十三章　部分加工食品的安全与卫生

第一节　酱　　油

一、概述

酱油是以大豆、小麦等为原料,经过原料预处理、制曲、发酵、浸出淋油及加热配制等工艺生产出来的调味品,可增加食物的香味,并可使其色泽更加好看,从而增进食欲。酱油营养丰富,主要营养成分包括氨基酸、可溶性蛋白质、糖类、酸类等。

酱油分为酿造酱油和配制酱油两种,酿造酱油是以大豆和脱脂大豆、麸皮和小麦粉为原料,经蒸煮、米曲霉菌制曲后与盐水混合,再经高盐稀态发酵或低盐固态发酵制成的。这种生产工艺所需的周期长、产量低。配制酱油则以酿造酱油为主体,然后加入酸水解植物蛋白调味液和食品添加剂以改善口感。

酱油又分为老抽和生抽两种,生抽酱油以大豆、面粉为主要原料,人工接入种曲,经天然露晒,发酵而成,其产品色泽红润,滋味鲜美协调,豆豉味浓郁,体态清澈透明,风味独特。生抽颜色比较淡,呈红褐色。生抽味道比较咸,炒菜或者凉菜用得多。老抽酱油是在生抽酱油的基础上,加焦糖色经过特殊工艺制成的深色酱油,呈棕褐色有光泽,有一种鲜美微甜的口感,用来给食品着色。

酱油原料是植物性蛋白质和淀粉质。植物性蛋白质取自大豆榨油后的豆饼,或溶剂浸出油脂后的豆粕,也有以花生饼、蚕豆代用,淀粉质原料普遍采用小麦及麸皮,也有以碎米和玉米代用。经蒸熟冷却,接入纯粹培养的米曲霉菌种制成酱曲,酱曲移入发酵池,加盐水发酵,待酱醅成熟后,以浸出法提取酱油。制曲的目的是使米曲霉在曲料上充分生长发育,并大量产生和积蓄所需要的酶,如蛋白酶、肽酶、淀粉酶、谷氨酰胺酶、果胶酶、纤维素酶、半纤维素酶等。在发酵过程中利用蛋白酶及肽酶将蛋白质水解为氨基酸,产生鲜味;谷氨酰胺酶把无味的谷氨酰胺变成具有鲜味的谷氨酸;淀粉酶将淀粉水解成糖,产生甜味;果胶酶、纤维素酶和半纤维素酶等能将细胞壁完全破裂,使蛋白酶和淀粉酶水解更彻底。同时,在制曲及发酵过程中,从空气中落入的酵母和细菌也繁殖并分泌多种酶。也可添加纯粹培养的乳酸菌和酵母菌。由乳酸菌产生适量乳酸,由酵母菌发酵生产乙醇,以及由原料成分、曲霉的代谢产物等所生产的醇、酸、醛、酯、酚、缩醛和呋喃酮等多种成分,虽微量,但却能构成酱油复杂的香气。此外,由原料蛋白质中的酪氨酸经氧化生成黑色素及淀粉经曲霉淀粉酶水解为葡萄糖与氨基酸反应生成类黑素,使酱油产生鲜艳有光泽的红褐色。发酵期间的一系列极其复杂的生物化学变化所产生的鲜味、甜味、酸味、酒香、酯香与盐水的咸味相混合,最后形成色香味和风味独特的酱油。

酱油中含有鲜味物质,主要是酱油的氨基酸态氮类物质,一般来说氨基酸态氮越高,酱油的等级就越高,品质越好。因此用了酱油后就应当少放或不放味精、鸡精。特别是增鲜酱油,完全可代替所有鲜味调料。

酱油中甜味主要来自原料中的淀粉经曲霉淀粉酶水解生成的葡萄糖和麦芽糖,也来自蛋白质水解后所产生的游离氨基酸中呈甜味的甘氨酸、丙氨酸、苏氨酸和脯氨酸等。

酱油中的有机酸有二十多种,酱油的酸度以呈弱酸性(含酸1.5%左右)时最适宜,可产生爽口的感觉,且能增加酱油的滋味。

酱油发酵过程中有呈苦味的物质,但苦味在成熟酱油中消失。

酱油在加热过程中糖分减少,酸度增加,颜色加深。因此,必须把握好用酱油调色的尺度,防止成菜的色泽过深。

氨基酸是酱油中最重要的营养成分,氨基酸含量的高低反映了酱油质量的优劣。氨基酸是蛋白质分解而来的产物,酱油中氨基酸有18种,它包括人体8种必需氨基酸,它们对人体有着极其重要的生理功能。

酱油的主要原料是大豆,富含卵磷脂和钙、铁、硒等矿物质,能提高人体的代谢能力和免疫能力,维持机体的生理平衡。

还原糖也是酱油的一种主要营养成分。淀粉质原料受淀粉酶作用,水解为糊精、双糖与单糖等物质,均具有还原性,它是人体热能的重要来源,一些糖与蛋白质能合成糖蛋白,与脂肪形成糖脂,具有重要生理功能。

有机酸包括乳酸、醋酸、琥珀酸、柠檬酸等,也是酱油的一个重要组成成分,对增加酱油风味有一定的影响,但过高的总酸使酱油酸味突出、质量降低。

酱油能产生一些天然的抗氧化成分,有助于减少自由基对人体的伤害,具有防癌、抗癌功效。酱油含较多的黄酮、异黄酮。异黄酮可降低人体的胆固醇,减少心血管疾病的危险,防止高血压、冠心病的发生。恶性肿瘤的生长需要依靠新血管输送养分,异黄酮能防止新的血管生成,从而使癌肿的生长受阻。

二、酱油的危害

酿造酱油生产过程中都有可能出现一些安全问题。

烹调酱油一般分为风味型和保健型两种。如麦香酱油、老抽酱油、铁强化酱油、加碘酱油等。这几种酱油在生产、储存、运输和销售等过程中,因卫生条件不良而造成污染,甚至会混入肠道致病菌。婴儿的各种器官发育不全,胃分泌能力极弱,各种腺体分泌功能也差,容易引起肠胃不适或腹泻等。

酱油既含有氯化钠,又含有谷氨酸钠,还有苯甲酸钠,是钠的密集来源,易导致高血压、冠心病、糖尿病。酱油中含有来自大豆的嘌呤,而且很多产品为增鲜还特意加了核苷酸,易导致痛风病。

大豆蒸熟工艺中,由于温度和时间选用不当,使病原微生物及耐热霉菌存活,接种时被产生毒素的霉菌所污染等。

蒸熟大豆、面粉和种曲三者混合过程中有来自设备的微生物、空气中微生物、昆虫等交叉污染,也有因混合容器的破损带来的污染。

发酵温度和盐水浓度不当,致使杂菌繁殖。使用不清洁的压榨机和过滤器,可造成产品微生物交叉污染。生酱油的灭菌不彻底,灌装容器不洁净等都是影响酱油质量的隐患。

酱油配制加入的酸水解的蛋白质,含有脂肪杂质,在高温水解过程中会产生甘油氯化产物,主要是 3-氯-1,2-丙二醇,即氯丙醇类化合物。我国规定自 2001 年 9 月 1 日起,市场销售的酱油必须标明是酿造酱油还是配制酱油。规定配制酱油中氯丙醇的含量不得超过 1 mg/kg。欧盟规定酱油和蚝油中氯丙醇的含量不得超过 0.02 mg/kg。

第二节　肉制品安全及防控措施

我国的畜禽产品加工业发展取得了举世瞩目的成绩,肉与肉制品生产已成为现代农业系统中的一大支柱产业。与此同时,肉与肉制品的安全问题已成为当前和今后一个时期人们不容忽视的焦点。我国的食品安全问题造成严重的经济问题:削弱了我国在世界的竞争力。

一、影响肉制品安全的因素

1. 生物性危害

肉制品加工操作处在一种或多种生物性危害中,这些危害或者来自动物原料本身,或者发生在加工过程中。生物性危害可以分为寄生虫危害和微生物危害。

寄生虫的幼虫通过带病的新鲜猪肉、牛肉等的消费侵染人体。寄生虫侵染可以通过良好的动物饲养和兽医检验结合加热、冷冻、干燥、盐腌等方法来预防。

微生物超标是肉制品不安全的主要原因,导致肉制品腐败的微生物多种多样,一般常见的有腐生微生物和病原微生物,包括细菌、酵母菌和霉菌,它们污染肉品,使肉品发生腐败变质,病畜、禽肉类可能带有各种病原菌,如沙门氏菌、金黄色葡萄球菌、结核分枝杆菌、炭疽杆菌和布氏杆菌等。它们不仅使肉制品腐败变质,而且还传播疾病,造成食物中毒。

2. 化学危害

从动物生长到肉制品加工消费过程中的任何阶段都可能发生化学性危害。

复合磷酸盐超标严重。磷酸盐作为水保持剂,在肉制品加工中用量很少,国家 GB 2760—1996《食品添加剂使用卫生标准》规定,肉类食品复合磷酸盐的限量为复合磷酸盐 ≤5 g/kg。但很多企业为了增加出品率,过多使用磷酸盐。

硝酸盐和亚硝酸盐(合称硝盐)的含量超标。硝酸钠、硝酸钾(火硝)和亚硝酸钠(快硝)等可以防止鲜肉在空气中被逐步氧化成灰褐色的变性肌红蛋白,以确保肉类食品的新鲜度。硝酸盐还是剧毒的肉毒杆菌的抑制剂。因此,硝酸盐便成为腌肉和腊肠等肉制品的必备品。但是,加入肉中的硝酸盐,易被细菌还原成活性致癌物质亚硝酸盐,在一定酸度作用下,亚硝酸盐中的亚硝基还可与肌红蛋白合成亚硝基肌红蛋白,经加热合成稳定的红色亚硝基的肌色原。肌色原亦同样具有致癌性质。另一方面,肉类蛋白质的氨基亚硝酸、磷脂等有机物质,在一定环境和条件下都可产生胺类,并与硝酸盐所产生的亚硝酸盐反应生成亚硝胺。但令人遗憾的是,科学界至今还未找到能够替代硝酸盐的抗氧化及抗肉毒杆菌的代用品。为此,国内外对肉制品中硝酸盐的使用量作了严格限制。我国规定每千克肉中硝酸钠含量不超过 45 mg,亚硝酸盐不超过 11.25 mg。值得注意的是,目前有不少唯利是图者为了追求肉类制品的色香味和保存期限,任意增加硝酸盐的用量,导致其生产的肉制品对消费者的健康具有不同程度的危害。

不按照规定乱添加防腐剂。过量摄入防腐剂将损害人体肾功能,还有致癌、致畸等作用。GB 2760—1996《食品添加剂使用卫生标准》规定,肉制品加工中可以添加防腐剂山梨酸或山梨酸钾,但肉灌肠制品其残留量不得超过 1.5 g/kg,其他产品不得超过0.075 g/kg,苯酸钾在肉制品中不得检出。

着色剂超标现象比较严重。过多食用人工合成色素会对消费者肝脏造成伤害,严重的会有致癌作用。GB 2760—1996《食品添加剂使用卫生标准》中规定,肉制品中可以添加色素诱惑红,肉灌肠、西式火腿添加量不得超过 0.015 g/kg,其他产品不能添加任何合成色素,并强调人工合成色素胭脂红、日落黄、柠檬黄等不能用于肉干、肉脯制品等。

新生动物疫病。新生动物疫病包括发生在动物群体内的新型传染病,以及先前已经存在但其发病频率和发病范围快速增加的传染病。自 20 世纪 80 年代以来,新生动物疫病的发生日益受到全世界广大动物卫生和公共卫生人员的关注,例如,广受关注的牛海绵状脑病(疯牛病)就是发生在牛群内的新型传染病,而口蹄疫则是先前已经存在但其发病频率和发病范围快速增加的传染病。随着人类生存和生活方式的改变,动物产业的高度集约化,新生动物疫病不断出现,已经严重制约了动物产业的发展,并危害到肉与肉制品安全和人类健康。

二、肉制品安全问题预防

食品安全是 21 世纪全球性的重大问题,任何国家都不可能"零风险"。我国面临的困难很多,市场秩序还不健全,屠宰场是安全的重要关口,计划经济时期,生猪统购统销,屠宰场由政府直接管理,而现在 2 万多家屠宰企业实行代宰的企业大约占 75%。企业主体责任不落实,对肉制品质量安全缺乏关切,投机取巧、恶性竞争给唯利是图的不法分子可乘之机,加大了监管的难度,需要采取预防措施。

(1)整治规范饲料生产经营行为　查处在饲料生产、经营过程中添加等违禁药品及其他化学品的行为;清理无生产许可证、无批准文号、无质量合格证、无产品标准的"四无"饲料添加剂及其预混合饲料企业;取缔无标准、无厂址、无生产日期的配合饲料和浓缩饲料加工单位(点);清理饲料标签不规范行为;督促企业建立并完善饲料和饲料添加剂生产经营及使用记录制度。

(2)整治规范生猪养殖行为　查处养殖场(户)在自配料、动物饮用水中添加违禁药品行为;建立养殖场(户)用药记录制度,督促养殖场(户)按照有关法律法规要求,规范用药;规范养殖场(户)生猪免疫检疫制度和病死、病害生猪无害化处理措施。

(3)整顿规范生猪屠宰行为　严格屠宰检验检疫制度,严厉打击屠宰加工病死、病害生猪及使用"瘦肉精"等违禁药品的违法行为;依法取缔非法地下屠宰场(点),杜绝私自屠宰猪肉上市;建立和完善畜产品安全追溯制度,督促屠宰企业建立健全屠宰加工生猪进(出)场台账及档案。

(4)整顿规范肉制品加工行为　集中整治无证无照肉制品加工点(作坊);严格市场准入,对取得营业执照和卫生许可证,但管理薄弱、质量安全无法保证、不符合基本准入条件的肉制品加工企业(作坊)进行整顿和规范;依法查处以病死、病害猪肉加工肉制品的行为;加大对肉制品监督抽查和问题肉制品的处理力度,督促企业加强原料进货检验和产品出厂检验;指导肉制品加工企业加强检测能力建设,保证出厂上市产品检验合格;落实食品添加剂备案制度,依法打击使用非食品原料或滥用添加剂生产加工肉制品的行为。

(5)规范肉制品市场流通和经营行为　加强对集贸市场、超市等流通环节监督检查,全面清理规范肉类经营主体资格,督促经营主体全面落实肉类食品进货台账和索证索票制度,严厉查处非法经营肉类食品和采购、使用私宰肉、注水肉、病害肉行为。

(6)规范餐饮、集体食堂肉制品采购及使用行为　监督检查餐饮单位、学校食堂及超市、集贸市场食品卫生安全制度的落实情况,重点检查有效卫生许可证、从业人员健康检查合格证明持有情况以及肉及肉制品采购索证、登记情况;严厉查处餐饮单位和学校食堂采购、使用未经检验检疫的猪肉及病死、病害猪肉等违法行为。

(7)建立原料检验采购制度　在原料进入加工环节之前,必须对动物的健康状况以及兽药及饲料添加剂残留量进行检验,确保动物性食品原料安全优质。防止带病动物流入加工环节,流入市场,影响消费者的安全。

(8)保持加工线的清洁 目前食品设备制造商设计和生产设备时常重视食品安全,设备上一般没有食品微粒可以进入的缝隙、螺母和螺钉等,从而避免病原菌的滋生。肉制品加工及后续加工设备一般都十分容易清洗,有些还能在线清洗。在生产过程中,食品微粒可能残留的一个主要地方是传送带,每天必须按照规定对加工线进行清洗消毒。为了避免细菌繁殖,还必须定期对加工设备表面擦拭取样,进行实验室检验。虽然这些检验并不能防止加工厂内滋生细菌,但是通过其结果以知道细菌是否超标并确定生产线中应予以重视的地方。从长远看,对设备和产品的病原菌检测可以提高生产效率和安全性。

(9)加工工艺和过程规范 加工工艺和生产过程是影响食品质量安全的重要环节,工艺流程控制不当会对食品质量安全造成重大影响。肉制品是一种极易被微生物污染的产品,肉制品加工工艺流程应科学、合理、规范,在加工环节中杀菌工艺必须符合工艺要求,使产品达到商业无菌的条件。应采取必要的措施防止生肉食品和熟肉食品、原料与半成品和成品的交叉污染。

(10)建立自身的完整质检体系 肉制品加工企业必须建立企业内部的质量检测部门,包括肉制品原料、半成品、成品的检验,及时发现问题解决问题。防止不符合产品质量要求的产品流入市场。

(11)坚持依法做好动物防疫 动物防疫工作应坚持"预防为主"的方针,要依照《中华人民共和国动物防疫法》和国家的有关规定,做好动物疫病的免疫、预防、控制和扑灭工作。

(12)全面强化质量监管,加大政府监管力度 肉制品安全性的提高,一方面依赖于肉制品生产企业的自我规范,另一方面依赖于政府的质量监管工作。我国政府高度重视食品安全问题,为全面加强产品质量和食品安全工作,国务院采取了"三大动作""六项措施"。多年来我国从中央政府到地方政府建立了一套较为完整的符合中国实际的产品质量、食品安全的法律法规。同时也建立了一套加强产品质量,特别是食品安全监管的工作机制。一是实行了市场准入制度,对涉及安全、健康、环保的产品实行严格的市场准入,就是进行生产许可证的管理,实行强制性的认证管理。二是实行国家产品质量监督抽查的制度,每年对重要的产品、敏感的产品实行国家监督抽查,而且抽查结果向社会公布,向媒体公布。三是实行严格的产品出厂的检验制度,确保进入流通环节的产品质量的安全。四是产品进入流通环节,发现有缺陷、不合格的,实行缺陷产品召回制度。在肉类行业中严格执行这套食品安全监管工作机制,肉制品的安全性可得到提高。

确保肉类食品质量安全,关系经济发展和改善民生大事,《食品安全法》对食品安全管理提出了更高的要求。国务院食品安全委员会的成立,加强了各个部门的协调。企业应加强自律、加强道德和责任意识,推进诚信建设,规范生产并主动接受媒体和民众的监督。食品安全需要先进的技术手段,科技工作者应该克服浮躁、急功近利情绪,从国情出发加大自主研发,支持行业健康发展。加快转变生产发展方式,加快规模化养殖和加工,规范市场,引导消费者理性消费。

近年来相继发生的"毒奶粉""瘦肉精""地沟油""彩色馒头"等事件足以说明,诚信的缺失、道德的滑坡已经到了相当严重的程度。执法不严,助长有法不依。发达国家为了食品安全和动物福利,都有完备的屠宰法,我国应尽快制定《畜禽屠宰法》,以法律的形式明确屠宰、加工的许可和责任。

完善体制机制,整合监管机构,整合国家标准,加强监管和治理力度。解决肉类食品安全问题是一项长期复杂而艰巨的工作,是社会性的问题,要在法制的环境下,把消费者的认知、生产者对质量的控制、媒体的舆论监督和政府部门的管理有机结合起来。构建质量安全保障体系、推进诚信建设、提高生产组织化程度、打造全产业链的企业,实现全程可追溯,保障肉类产业健康发展。

第三节　乳制品质量安全风险分析及控制

一、概述

牛奶中含有丰富的蛋白质、脂肪、维生素和矿物质等营养物质,乳蛋白中含有人体必需的氨基酸;乳脂肪多为短链和中链脂肪酸,极易被人体吸收;乳钾、磷、钙等矿物质配比合理,易被人体吸收。

消毒鲜奶是采用巴氏消毒(63 ℃维持 30 分钟或 75～90 ℃维持 15～16 秒)制成的液态奶制品,需要冷藏保存。超高温奶是经过高温瞬时灭菌(120～140 ℃维持 1～2 秒)而成,可在常温下储藏 30～40 天。传统灭菌奶是长时间高温杀菌制成的液态奶制品,可以在常温下保存 6 个月以上。

消毒鲜奶和灭菌奶中蛋白质、乳糖、矿物质等营养成分含量基本上与原料乳相同,仅 B 族维生素有少量损失,但消毒奶的保存率通常在 90% 以上,灭菌奶也在 60% 以上,维生素 C 损失较大,但因它不属于牛奶中的重要营养物质,故而对奶制品的营养价值影响不大,市售消毒牛奶常强化维生素 A 和维生素 D,使它成为这两种营养素较廉价、方便的食物来源之一。

"生鲜奶"通常也叫生鲜乳,是未经杀菌、均质等工艺处理的原奶的俗称。目前市场上有少量"生鲜奶"以散装形式出售,消费者购买后一般煮沸饮用。而市售的盒装、袋装等预包装的纯奶,则是将"生鲜奶"经过冷却、原料奶检验、除杂、标准化、均质、杀菌(巴氏杀菌或超高温灭菌)等工艺制成的,是符合国家有关标准的产品。由于未经过均质工艺处理,"生鲜奶"的乳脂肪球较大,煮沸后会发生聚集上浮,从而带来"黏稠""风味浓郁"的感官印象。不过,研究表明"生鲜奶"与经过巴氏杀菌的纯奶其实在营养及人体健康功能方面并没有显著性差异。

乳中还有大量的生理活性物质,其中较为重要的有乳铁蛋白、免疫球蛋白、生物活性肽、共轭亚油酸、酪酸、激素、生长因子等。生物活性肽是乳蛋白质在消化过程中经蛋白酶水解产生的,包括镇静安神肽、抗高血压肽、免疫调节肽和抗菌肽。牛乳中乳铁蛋白的含量为 $20\sim200\ \mu g/mL$,具有调节铁代谢、促生长和抗氧化等作用,经蛋白酶水解形成的肽片段具有一定的免疫调节作用。

二、乳的安全性问题

(1)微生物污染 "生鲜奶"没有经过任何消毒处理,而且产奶的奶牛是否健康,有没有检疫,运输过程中有没有被污染等信息尚难以做到完全追溯,存在一定的安全隐患,环境中的大肠杆菌、金黄色葡萄球菌、假单胞菌、真菌以及源于动物体的布鲁氏杆菌、结核分枝杆菌等致病菌很容易造成人畜共患病的传播。尤其是儿童、老人、孕妇免疫力低下,食用"生鲜奶"后被病原菌感染的风险更大。

(2)化学性污染 包括兽药的不合理使用、意外污染、人为添加化学物质等。

(3)不合格饲料的使用 如饲料原料被农药或黄曲霉菌及其毒素污染,饲料原料被放射性物质、重金属污染,以及饲料中含有转基因成分等。

(4)牛奶含有雌激素 奶牛分泌乳汁的多少与体内的激素含量有关,为增加牛奶产量,奶牛养殖者给奶牛注射雌激素催奶。美国加州一些奶牛场给奶牛注射"控孕催乳剂(rbGH)",使奶牛不怀孕就大量产奶,其产量竟然能够达到自然产奶量的 10 倍之多。此外,美国还会给奶牛注射生长激素,可增产 20%。

但是,这些追求高产的人为催奶方法,会增加牛奶里的雌激素和生长激素含量。导致男性睾丸癌和前列腺癌的发生。加拿大分析报告认为,rbGH 的使用增加了牛奶中 IGF-1 的含量,而 IGF-1 与前列腺癌等癌症有一定关系。在许多国家睾丸癌已成为年青人的常见肿瘤之一。

三、乳的安全性问题预防

(1)饲料管理 奶牛饲料管理是保证奶牛高产和产奶质量的首要因素。首先,应控制由饲料可能引入乳中的不安全因素,如农药残留或污染、发霉产生的黄曲霉毒素、添加剂的不规范使用、含有转基因大豆等粮食或青饲料、重金属及其盐类的污染、放射性原料的使用等;其次,应保证饲料的配方科学合理,如粗、精饲料的搭配,精饲料的营养配比科学、青储饲料的合理应用,优质饲草的选择(高蛋白质牧草),以及不饲喂带有刺激性气味的饲料以防止给原料奶带来不良影响。

(2)卫生管理 奶牛卫生管理是保证原料奶卫生指标的关键因素。其中牛舍卫生、牛体卫生、人员卫生、挤奶卫生、挤奶设备和器具卫生等都是对原奶微生物指标的重要影响因素。因此,应强化卫生管理,尤其应保证运动场的空间和卫生状况,应在运动场设置有遮阴篷的休息用牛床,而且应保持其卫生。总之,应保证奶牛的生活空间的卫生质量,给奶牛以良好、舒适的生活环境。

(3)奶牛场防疫措施、牛病防治和兽药的使用 树立奶牛保健意识,加强疫病检查和治疗,及时对患病牛进行隔离或淘汰。对乳房炎、营养代谢性疾病、生殖疾病、肢蹄病等及时治疗,提早预防,减少奶牛的应激反应。

(4)建立良好监督、考核机制 抗生素及其他影响原料奶卫生安全质量的物质的掺杂是降低原料奶卫生安全质量的重要因素,在牧场、奶站建立良好管理规范,并建立相应的监督管理、考核机制,从源头上控制抗生素的污染和掺假问题。

(5)控制储存和运输过程的温度 储存和运输过程的卫生条件对原料奶质量有着重要的影响,而储存和运输过程原料奶的温度同样会影响原料奶的卫生质量,尤其是细菌的繁殖速度。

第四节 水产品安全问题及控制措施

一、水产品质量安全现状

随着水产养殖业的迅速发展和养殖规模的不断扩大,法制意识和标准化意识增强,我国水产品的质量安全管理体系逐步建立,《水产养殖质量安全管理规定》及《食品动物禁用的兽药及其他化合物清单》等规范水产品质量安全的法律法规和行业标准相继建立。我国的水产品质量安全管理取得了长足的进步。

然而,由于思想观念、养殖环境、科学技术、管理体制及市场需求等主客观方面的原因,我国水产业的发展水平还较为落后,水产品的质量安全管理还难以与迅猛发展的水产养殖业相匹配。主要表现在:缺少全面统筹和系统规划,养殖密度过高,养殖秩序混乱;水产养殖病虫害暴发过于频繁,病虫害的流行传播日趋严重;水产养殖水域违规排污现象普遍,水体环境污染严重,重金属污染超标;养殖人员缺乏系统的科学技术知识,置质量安全问题于不顾;水产品中滥用药物和饲料添加剂的情况较为普遍,药物残留超标;加工过程缺乏统一的技术操作规范,工艺技术粗糙,手法简单;行业标准执行不力,执行标准较多,水产品标准不能与实际情况相结合;质量检测体系不完善,监督检查环节存在漏洞,质量认证体系不健全等。

二、水产品质量安全危害因素

从流通环节的角度,水产品的质量安全涉及水产品的生产、加工、储存、运输和监管等诸多环节,任何环节处置不当都有可能诱发水产品质量安全问题。水产品质量安全的危害因素主要可以归纳为生物因素和化学因素。

1. 生物因素

影响水产品安全的生物因素主要是指在水产养殖过程中,寄生于水产品体内的微生物和寄生虫。目前,比较常见的寄生虫有线虫、吸虫和绦虫等。这些寄生虫通常存在于大黄鱼、鳕鱼、鳗鱼、黑鱼,以及螺、虾、蟹等水产品的肝、肠、肌肉等部位,这些寄生虫进入人体后会对大脑、眼睛、肠胃、肝胆、肾脏等消化系统和呼吸系统造成不同程度的损害。极端情况下,还可能诱发癌症,如乳腺癌。因此,杜绝水产品中的生物性危害,要依赖消费者良好的饮食习惯,避免直接饮食生鱼片、活虾、螃蟹等鲜活水产品,切断微生物和寄生虫直接感染人体的途径;还要加强水产品加工环节的安全措施,通过技术手段最大程度地降低水产品中微生物和寄生虫的存活率,确保水产品的饮食安全。

2. 化学因素

影响水产品安全的化学因素主要是指在水产养殖和加工过程中,水产品中掺入的重金属、残药和食品添加剂等影响水产品安全。近年来,随着水产养殖的集约化和规模化,化学性危害逐渐成为影响水产品安全的头号因素。环境监管的疏漏导致工业废气、废水、废渣未经处理或处理不彻底就任意排入养殖水域,其中有毒有害化学物质给水产品造成严重污染,尤其是铅、铜、汞、镉、锌、砷等重金属会严重危及人的身体健康。养殖过程中使用抗生素防治水产动物疾病,不良商家在水产品加工过程中违规使用或超量使用食品添加剂,如激素、消毒剂、保鲜剂和防腐剂等都会导致水产品中药物残留。氯霉素、孔雀石绿、呋喃类代谢物和五氯酚钠等残留都对人体健康产生负面影响。

三、提高我国水产品安全水平的对策

努力改善水产养殖水域的生态环境,提高水产养殖水域的水质。严格执行《海洋环境保护法》,确保养殖水域免于受到工业废弃物及重金属的污染。严格执行《无公害食品淡水养殖用水水质》和《无公害食品海水养殖用水水质》的行业标准,禁止将不符合养殖标准的水域划定为水产养殖区域。加强水产养殖的饲料、渔药管理,确保饲料和渔药的使用安全。饲料和渔药的使用应符合《饲料和饲料添加剂管理条例》《无公害食品渔用配合饲料安全限量》《兽药管理条例》《无公害食品渔用药用使用准则》，禁止使用变质、过期的饲料及违禁渔药。

水产品中药物残留即农药、兽药、渔药残留。控制水产品中的药物残留量对于减少水产品安全性事件的发生，提高人民生活质量，解决"三农"问题有重要的意义。针对目前我国水产品中药物残留的现状，可以考虑采取以下措施。

加强农药管理，严格规范农药的生产和销售，堵住高毒农药和不规范农药的源头，防止这些农药流向市场。

我国农药管理是以农业部为主体，国家发改委、环保、卫生、供销、工商、技监、林业、安监、商检、公安等部门共同协作，已经出台《农药生产管理办法》《农药管理条例》《农药标签和说明书管理办法》《中华人民共和国农产品质量安全法》《农药合理使用规范和最高残留限量标准》等一系列法律法规，对农药的生产、销售、使用进行规范。今后应该对上述法律法规进一步完善，加强上述法律法规的宣传，同时进一步加大执法力度，尤其对一些中小企业的不规范行为进行纠正，净化农药市场。另一方面，对于农药标签的不规范标注行为也要加大整治力度，使农业生产人员能够买到合格规范的农药，这是合理使用农药的重要前提。

加强对农民合理使用农药的知识培训，使农民掌握合理使用农药降低农药残留的关键环节。政府相关管理部门应该通过举办培训班，同时农技推广部门要根据农产品中的农药残留量检测结果适时对推荐农药品种进行调整，并指导农民严格控制施药次数和安全间隔期，进一步降低农药残留量。

加大水产养殖用药研究的力度。应建立符合水生生物特点的药理实验模型，对水生生物药物吸收、分布及转化等规律给环境带来的影响进行分析，制定休药期。同时，还应该掌握渔药的使用方法，对无污染、无残毒的药物加大开发力度，形成一条无公害的水产养殖链。

健全药物残留检测体系，加强对水产品流通企业的监督，制定和完善药物残留限量标准。虽然我国各地都建立起了相应药物残留检测体系，但是这种检测体系覆盖面还很小，达不到全面阻止残药超标产品进入市场的要求，需要对这种检测体系进一步进行完善。可以建立水产品的市场准入制度。水产品市场准入是实施水产品质量安全的保障工程，是保证水产品生产和消费安全的重要举措。建立水产品市场准入制度，虽然给渔民和经营者增加了很多限制，但从长远看，有利于消费者建立信心和实行优质优价。有关部门要在大的水产品批发、零售市场建立监测点，加强对入市水产品的检测和检查。对药物残留超标的农产品，采取不准上市、不准销售和就地销毁等行政措施。从销售渠道上把关，在水产品生产示范基地、龙头企业和养殖大户中，首先配备药物残留快速检测设备，对上市前的水产品进行检测，贴上统一标志，区别于一般水产品，入市销售或专柜销售，打出自己的品牌，取得更好的收益，从而达到控制水产品药物残留超标的目的。

为了逐步消除和从根本上解决农药残留对环境和水产品的污染问题，减少农药残留对人体健康和生态环境的危害,除了采取上述措施外,还应进一步研制和推广使用低浓度、低残留、高效的药物新品种,尤其是开发高效的生物农药。

生物农药是指利用生物活体代谢产物对害虫、病菌、杂草、线虫、鼠类等有害生物进行防治的一类农药制剂,或者是通过仿生合成具有特异作用的农药制剂。生物农药多利用天然动植物原料生产,产品选择性强,对人畜无害,对生态环境影响小。有些生物农药还可以诱发害虫流行病,不但对当代害虫有效,还对后代或者翌年的有害生物种群起一定的抑制作用,有明显的后效作用。今后应当开发出更多的高效低毒的生物农药,扩大生物农药的使用范围,逐渐取代化学合成农药。

即使是农药残留检测合格的水产品,也并非是绝对安全的。农药残留量检测合格只意味着该水产品的农药残留量低于现行法规规定的最高量,而不代表没有农药残留,如果能采用一定的方法处理采收后的水产品,降低其中的农药残留量,则可以进一步提高产品的使用安全性。对于那些农药残留量在标准附近或者略高于标准的水产品,应开发农药降解技术,使其合乎食用要求。

第五节　酒类的安全性

一、白酒的安全性

白酒是以粮谷为主要原料,用大曲、小曲或麸曲及酒母等为糖化发酵剂,经蒸煮、糖化、发酵、蒸馏而制成的饮品。白酒行业面临不少食品安全问题,特别是2012年"白酒塑化剂"事件,随后的"邛崃勾兑"事件,"甜味剂"问题、"散装白酒"中毒事故等质量安全事件的接连发生,对行业发展造成了不可忽视的影响。因此,应分析白酒行业的质量安全问题,并针对问题提出应对措施,以保障消费者饮用安全,促进白酒行业持续健康发展。

1. 白酒的功能因子

白酒中存在功能因子,即生理活性物质。1993年,贵州遵义医院在对茅台酒厂员工进行身体检查时,发现该厂饮酒职工患肝病的很少,研究发现:贵州茅台酒能诱导金属硫蛋白含量增加,从多环节抑制肝星状细胞的活化及其胶原蛋白的形成,具有一定的干预和延缓肝纤维化作用。研究发现,吡嗪类化合物与萜类化合物是白酒的重要功能因子。

1) 吡嗪类物质

吡嗪是中国白酒中特有的风味成分。目前,已经在中国白酒中检测出吡嗪类化合物26种。酱香型和兼香型酒中吡嗪类化合物种类和含量最高,在3000~6000 $\mu g/L$;浓香型次之,其浓度范围为 $500\sim1500\ \mu g/L$,清香型白酒中吡嗪类化合物含量及其种类都是最少的。

川芎嗪是从川芎中分离出来的一种活性成分,已经广泛应用于心血管和脑血管疾病的治疗。它能增加脑血管的血流量,减少脑缺血性疾病的发作。川芎嗪增强中枢神经功能,改善学习的效率,防止由无水乙醇引起的胃黏膜损伤、肾中毒,防止由硫代乙酰胺引起的急性肝中毒,并能降低脑萎缩的伤害。

2)萜类物质

中国白酒中含有萜类化合物。研究发现,萜烯是植物在生长过程中产生的环境应激物,是次级代谢产物。萜烯类化合物具有如下特性。①抗菌能力:香芹酚和麝香草酚具有广谱抗菌功能;肉桂醛可以高效抑制一些细菌和霉菌的生长;氧化单萜如薄荷醇和一些脂肪醇对某些细菌具有温和的抑制能力,如 4-萜品醇能抑制铜绿假单胞菌生长;碳氢类的单萜如香桧烯、萜品烯和柠檬烯具有中等以上程度的抗菌活性。②抗病毒能力。③抗氧化力。④止痛作用。⑤消化活力。⑥防癌抗癌能力,如茴香脑,能升高白细胞,促进骨髓中成熟白细胞至周围血液,由于机体自身的反馈作用而促进骨髓细胞加速成熟和释放,用于因肿瘤化疗而引起的白细胞减少以及其他原因所致的白细胞减少症,医学上还作为合成雌激素已烯雌酚的主要原料。⑦具有传递化学信息的功能。

2. 白酒安全问题

白酒安全问题,概括起来主要包括酿酒原料中的农药残留和真菌毒素污染,酿造过程中产生的甲醇、氰化物、氨基甲酸乙酯、生物胺、醛类、高级醇等代谢产物,包装和接触性材料带来的重金属、塑化剂污染等问题,以及成品酒中的食品添加剂问题。

1)酿造原料的安全风险

白酒的主要酿造原料包括高粱、大米、小麦、玉米等。这些粮谷类原料在生长和储存过程中,不可避免地要施用部分杀虫剂、除草剂等农药;同时,湿热的环境、加工破碎等不利因素也易造成微生物生长和真菌毒素的产生。酿造原料存在着农药残留和真菌毒素污染,并在酿酒过程中迁移进入酒体,从而给酿酒带来潜在的安全风险。

2)酿造过程产生的安全风险

在白酒的酿造过程中,会产生一些有害的发酵副产物,如甲醇、氰化物、氨基甲酸乙酯、生物胺、醛类、高级醇等,这些物质可能会随着蒸馏工艺最终进入酒体,如果控制不当,超过相应限量要求,就有可能危害人体健康。

(1)酒精(乙醇) 酒精进入人体之后,大部分通过肝脏代谢,变成乙醛,然后再变为乙酸,最后通过三羧酸循环,变成能量。适当的饮酒,肝脏足以能够代谢这些酒精。但是人体只有一个肝脏,如果长期过量饮酒,肝脏长期代谢酒精受累,使肝功能受损,肝细胞坏死,可引起转氨酶升高,最后可能会导致“酒精肝”,出现“脂肪肝”,最后导致纤维化,甚至引起肝硬化,最严重的可能会导致肝癌。所以持续过量饮酒,尤其是酗酒,对肝脏是有极大损害的。

（2）甲醇　　甲醇是我国蒸馏酒食品安全国家标准中严格控制的安全指标。GB 2757—2012《食品安全国家标准　蒸馏酒及其配制酒》中对甲醇的限量要求为 0.6 g/L。

甲醇的主要来源是酿造原辅料中果胶质的甲氧基分解，尤以谷糠、薯类和水果为原料酿造的酒甲醇含量高；此外，一些不法分子使用工业酒精勾兑白酒，其甲醇含量更是远远高于安全限量要求。

（3）氰化物　　氰化物也是我国蒸馏酒食品安全国家标准中严格控制的安全指标。GB 2757—2012《食品安全国家标准　蒸馏酒及其配制酒》中对氰化物（以 HCN 计）的限量为 8.0 mg/L。

氢氰酸（HCN）是由木薯等酿酒原料中的生氰糖苷水解产生的，氢氰酸能阻断人的呼吸链，使人呼吸代谢严重受损而窒息死亡。白酒中氰化物超标可能是生产者直接使用不符合规定的原料加工或用木薯为原料的酒精勾调制成的，也可能是生产工艺去除氰化物不彻底造成的。氰化物可以通过控制生氰糖苷的含量来减少 HCN 的生成，如减少木薯使用量，充分浸泡使生氰糖苷溶出，或者通过选育对氰化物降解率高的酵母菌，在酒精发酵阶段将氰化物分解除去。

（4）氨基甲酸乙酯　　也称尿烷，是发酵食品（面包、酸奶、酱油等）和饮料酒在发酵过程、加热（如蒸馏）和储存时形成的。

白酒中氨基甲酸乙酯的产生途径主要是尿素途径，即发酵过程中精氨酸（arginine）降解产生尿素，尿素在加热条件下，与乙醇反应，生成氨基甲酸乙酯。温度、光照等环境条件也会影响饮料酒中氨基甲酸乙酯的生成。通过对不同香型成品白酒检测发现，白酒中氨基甲酸乙酯平均含量为 100 μg/L，低于国际上公认的 150 μg/L 的限量标准。个别香型白酒氨基甲酸乙酯含量偏高。

20 世纪初，氨基甲酸乙酯曾用于麻醉剂，到 40 年代研究者发现氨基甲酸乙酯具有致癌性。1974 年，世界卫生组织（WHO）的国际癌症研究所（International Agency for Research on Cancer，IARC）把氨基甲酸乙酯定为 2B 类致癌物，随后又于 2007 年 3 月将其由 2B 类致癌物提升为 2A 类致癌物，即对动物有致癌作用，对人类可能有致癌作用。

国际上主要围绕着原料、发酵、储存等环节开展氨基甲酸乙酯预防控制技术研究。目前主要的控制措施包括控制原料中特定氨基酸（如精氨酸）含量，筛选特定功能性微生物菌株，添加酸性脲酶降低尿素含量，调节生产和储存环节参数等。

（5）生物胺　　生物胺主要来源于氨基酸的脱羧基产物，如组氨酸产生组胺、酪氨酸产生酪胺、色氨酸产生色胺、赖氨酸产生尸胺、鸟氨酸产生腐胺、精氨酸产生亚精胺。

白酒中含有甲胺、乙胺、吡咯烷、异戊胺、环戊胺、环己胺、环庚胺、苄胺（苯甲胺）、腐胺和尸胺等 10 种功能因子，白酒中的功能因子总量为 1～2.5 mg/L。微量的生物胺是生物体（包括人体）内的正常活性成分，但当人体摄入过量（尤其是同时摄入多种生物胺）时，则会引起诸如头痛、恶心、心悸、血压变化、呼吸紊乱等过敏反应，严重的还会危及性命。鱼类产品中组胺含量达到 4 mg/g 时，即可引起中毒。人体摄入组胺达 100 mg 以上时,即易发生中毒。许多国家已经制定了鱼及鱼制品中组胺的限量指标。美国 FDA 限量标准为 50 mg/kg,到目前为止,在其他食品或酒精饮料中没有关于生物胺的具体限量标准。白酒的酿造采用开放式发酵,在此过程中,无法避免杂菌的侵入,只能尽量从生产过程中来监控生物胺的含量变化,建立相应的检测方法和监控手段,以确保终产品中的生物胺含量处于较低水平。

(6)醛类 饮料酒中重要的风味物质之一,在饮料酒中的含量对酒的风味影响较大。同时,甲醛、乙醛等醛类物质本身对人体健康具有潜在危害,如甲醛是公认的变态反应原,具有"三致"毒性(致癌、致畸、致突变),名列我国有毒化学品优先控制名单第二位,被国际癌症研究机构确认为Ⅰ类致癌物;乙醛毒性仅次于甲醛,国际癌症研究机构认为乙醛可能对人类致癌,将其列入 Group 2B 类。一定量的乙醛对人体有强烈的刺激性,经常饮用乙醛含量高的酒,容易产生酒瘾。我国酒类标准体系中并未对醛类有明确限量要求,仅对优级伏特加规定限量为 4 mg/L,特级食用酒精中醛类含量应小于 1 mg/L。目前,在白酒的蒸馏过程中,根据甲醛浓度的馏出规律:酒尾甲醛浓度>酒头甲醛浓度>酒身甲醛浓度,而采取"掐头去尾"工艺能有效控制白酒中甲醛等醛类物质的浓度。

(7)高级醇 也叫杂醇油,是酵母发酵的一种副产物,也是白酒中不可缺少的香味组分。发酵过程中生成高级醇的产量,与加水量、加曲量、加糖量和投粮量等工艺因素有关。如果白酒中高级醇含量过高,饮用者会出现神经系统充血、头痛等症状。

目前,发达国家和地区在有关饮料酒的标准或法规中均未对蒸馏酒中"高级醇"含量进行限制,自 2006 年起,我国相关标准也取消了对高级醇的限量要求,这是国家标准向国际通用标准的一种靠拢。虽然高级醇的微弱毒性不足以为其做限量标准,但在人们越来越注重健康的今天,白酒的适口性及饮用后的体验也更多地被关注。有效地降低酒中高级醇含量,已经成为白酒生产的一个必然趋势。有研究表明,发酵过程中酒曲、酵母、蛋白酶、糖化酶、淀粉酶等的适量添加,均能够显著影响高级醇的形成。

二、葡萄酒安全问题

与蒸馏酒相比,葡萄酒酒精度较低(7%～16%),能为人体提供热量、矿物质、维生素、氨基酸等营养物质。更为重要的是,葡萄酒中的多酚类物质具有抗氧化、抗菌、抗癌、抗诱变、抗自由基、抗血栓、抗炎症、抗过敏等作用,能够预防心血管疾病。

1. 葡萄酒原料的安全风险

1)农药残留

我国酿酒葡萄生长阶段都有可能感染病害。葡萄园广泛使用杀虫剂、杀菌剂和除草剂。其中有机氯类农药脂溶性较高,可积蓄在人体脂肪和组织器官中引发毒性作用。有机磷、氨基甲酸酯、拟除虫菊酯类农药均为神经毒素,主要用于杀虫、杀螨、杀菌和除草,前两种可抑制胆碱酯酶而引起人体中枢神经中毒,后者可使神经传导受阻,抑制大脑皮层神经细胞。葡萄栽培中滥用农药会使其残留在葡萄上并最终转移到葡萄酒中。

杀菌剂会对发酵体系中的微生物区系产生影响,抑制酿酒酵母活性,刺激克勒克酵母产生更多酒精。但酿酒酵母也能够吸收或降解部分杀虫剂而乳酸菌却无此能力。农药残留也会显著影响葡萄酒的香气,毒死蜱(氯吡硫磷)会降低葡萄酒中乙酸乙酯、异丁醇的含量,而丙森锌等则会减少香叶醇等品种香气而增加乙酸乙酯等果香物质含量;戊唑醇可能刺激品种花香和醇香的产生,而减少梨香、热带水果和蔬菜气味。

农药在酿酒过程中根据溶解度不同而被分配在不同相中。水溶性较高的乐果、敌敌畏溶于酒液很难被除去,因此浸渍工艺使得水溶性农药在红葡萄酒中的残留量更高,而水溶性较低的喹氧灵则会在澄清工艺中被澄清介质除去。因此,葡萄酒中的农药残留通常低于葡萄果实,而葡萄酒中的农药残留取决于农药种类、酿酒工艺等综合因素。

目前可在葡萄与葡萄酒中检测到近 200 种农药残留。农药残留可通过选择生态条件优良的酿酒葡萄种植基地、规范栽培管理技术,引导农药的合理使用和有效控制。近年来不少学者利用葡萄自身的防御体系抵御病虫害以减少农药的污染。当葡萄植株受到真菌侵染、紫外线照射、重金属、臭氧等胁迫时会在几小时内经苯丙氨酸途径形成应激因子——对二苯乙烯类化合物(芪类),2~3 天即可达到最高含量。其中最重要的就是白藜芦醇(3,4′,5-三羟基芪)。其他应激因子如 2-二苯乙烯寡聚物和紫檀芪(3,5-二甲氧基-4′-羟基二苯乙烯)等,虽然生物活性远大于白藜芦醇,但含量低。

2) 重金属污染

葡萄酒中的金属离子主要来源于产区的生态环境重金属污染、农药肥料的施用和酿酒设备。砷、硒、铅等微量离子对人体必不可少,但部分可在人体内累积而产生毒性。酿酒中某些金属离子的浓度必须维持在一定水平才能保证酒的安全。例如低浓度的锌才能使酒精发酵正常进行。

葡萄酒中的金属元素来源众多,很难避免。铜、锰含量增加会使葡萄酒产生沉淀并影响口感。防治"葡萄枯顶病"的亚砷酸钠会在葡萄中残留少量砷。砷是潜在的致癌物质,微量即具有慢性亚致死效应。环境污染或酿酒设备中的铅会攻击人体的巯基配体,例如影响亚铁血红素的产生。镉可使人体巯基酶失活,使线粒体的氧化磷酸化解偶联或竞争金属酶和钙调蛋白的结合位点。

利用不同物质如甲壳素、几丁质、几丁葡聚糖、几丁葡聚糖水解液的吸附特性也可去除葡萄酒中的某些金属残留,而固定化的酵母细胞及其衍生物也可吸附 Zn^{2+}、Cu^{2+} 等金属离子。

2. 酿酒过程的安全风险

1) SO_2 的安全风险

SO_2 是葡萄酒中唯一允许使用的防腐剂,具有选择性杀菌、澄清酒液、抗氧化、增酸和溶解等作用,然而高剂量的 SO_2 会产生令人不悦的硫味、硫醇味和硫酸氢盐,对人体产生不利影响,很多消费者尤其是气喘病患者和儿童都有硫不耐受症和高敏感性。

SO_2 残留可通过控制原料污染、严格发酵酿造工艺管理、保证生产清洁卫生及积极寻找 SO_2 替代物控制其含量。

2）微生物有毒代谢产物的安全风险

赭曲霉毒素 A（ochratoxin A,OTA）是赭曲霉、黑曲霉和疣孢青霉等真菌产生的次生代谢产物，是一种真菌毒素。红葡萄酒是继谷物之后人类摄入赭曲霉毒素 A 的第二大主要来源。国际癌症研究机构（IARC）将其列为 2B 级致癌物质。因此欧盟委员会规定葡萄酒和葡萄产品中赭曲霉毒素 A 限量为 2 $\mu g/L$。

微生物或微生物参与的有毒代谢产物依赖于发酵剂和工艺的选择。红葡萄酒中赭曲霉毒素 A 的含量因酵母和细菌的种类及赭曲霉毒素 A 污染量而异，因为酵母细胞壁的甘露糖蛋白能够吸附赭曲霉毒素 A 而使其沉淀在酒泥中，但甘露糖蛋白的含量却因酵母种类而异。而白葡萄酒中赭曲霉毒素 A 的含量则取决于所使用的酵母种类及澄清助剂。另外微滤（0.45 μm）和澄清也会使赭曲霉毒素 A 含量降低，酿酒过程中赭曲霉毒素 A 的含量不断降低。

3）氨基甲酸乙酯

氨基甲酸乙酯曾作为抗菌剂应用于酒精饮料工业中，因其具有潜在的致癌性而被禁止使用。人的每日最大无毒剂量为 0.3 ng/kg 体重。

葡萄酒中的氨基甲酸乙酯主要由酵母菌产生。酵母在酒精发酵时会产生大量的中间代谢产物尿素，在高温、乙醇、较强酸性储藏条件下，葡萄酒中的尿素可以转变为氨基甲酸乙酯。而且苹乳发酵时乳酸菌可以生成瓜氨酸和氨基甲酰等氨基甲酸乙酯的前体物，这些前体物在上述条件下也能生成氨基甲酸乙酯。在这两种情况下，最初的底物都是葡萄浆和葡萄酒中的主要氨基酸——精氨酸。

葡萄酒中酒球菌和异型发酵乳酸菌（短乳杆菌、布氏乳杆菌和希氏乳杆菌）能够代谢精氨酸，而同型发酵乳酸菌（德氏乳杆菌、植物乳杆菌）和片球菌不代谢精氨酸。因此，启动苹乳发酵的发酵剂选择非常重要，因为即使常温，精氨酸也能降解为瓜氨酸并最终形成氨基甲酸乙酯。葡萄酒中氨基甲酸乙酯的控制措施主要集中在生产过程中，尤其是发酵阶段。当酒中尿素含量过高时适量添加脲酶可以有效地清除。

4）生物胺

生物胺是一类具有生物活性的含氮小分子有机化合物的总称，是游离氨基酸在微生物酶的作用下发生脱羧作用，或通过醛、酮的胺化和转胺作用形成的。根据结构不同可将葡萄酒中的生物胺分为三类：脂肪族（腐胺、尸胺、精胺、亚精胺等）、芳香族（章鱼胺、酪胺、苯乙胺等）和杂环族（组胺、色胺）。生物胺的形成必须具备三个基本条件：存在生物胺前体物质，如氨基酸；存在能分泌氨基酸脱羧酶的微生物；具备适宜上述微生物生长的环境条件。发酵食品容易污染具有高活性氨基酸脱羧酶的微生物，因此发酵食品中经常存在高浓度的生物胺。酒精和乙醛会抑制肠道酶对生物胺的解毒作用，间接放大生物胺对人体的不利影响。葡萄酒中的组胺可以导致呕吐、心悸、腹泻等反应;酪胺和苯乙胺会释放去甲肾上腺素而导致高血压,诱发偏头痛和脑溢血;腐胺和尸胺尽管自身没有毒性,但它们可以干预解毒反应,间接增加组胺、酪胺和苯乙胺的毒性。

葡萄酒中绝大多数有机胺产生于发酵阶段,异型发酵的乳杆菌具有脱羧酶使相应的前体氨基酸脱羧。例如组氨酸在组胺脱羧酶的作用下生成组胺。而一些聚胺(腐胺)本身就存在于葡萄浆果中或在酒的陈酿和储藏过程中产生。另外,酵母、片球菌属和酒类酒球菌也会使葡萄酒中有机胺含量上升。而浸渍和陈酿等加强酒风味复杂性的工艺也会增加氨基酸前体物的浓度而使有机胺含量上升。

使用不分泌氨基酸脱羧酶的乳酸菌发酵剂是降低葡萄酒中生物胺含量最常用的方法,而在酒精发酵同时接种酒球菌发酵剂更有利于避免生物胺的产生。膨润土、PVPP等澄清助剂能够吸附部分生物胺。另外,pH 值、乙醇、SO_2 等对葡萄酒中微生物多样性、脱羧酶及其活性、脱羧酶基因的表达也有重要影响。

三、啤酒产品安全问题

啤酒产品包括所有以麦芽(包括特种麦芽)、水为主要原料,加啤酒花(包括酒花制品),经酵母发酵酿制而成的,含有二氧化碳的低度发酵酒。啤酒含有丰富的糖类、维生素、氨基酸、无机盐和多种微量元素等营养成分,称为"液体面包",具有益气活血、解热镇痛、兴奋神经、利尿、美容等功效。适量饮用,对散热解暑、增进食欲、促进消化和消除疲劳均有一定效果。

近年的医学研究发现,如果人们长期大量饮用啤酒,会对身体造成损害,专家称为"啤酒病"。

(1)啤酒心　在酒类饮料中,啤酒的酒精含量最低,一升啤酒的酒精含量相当于一两白酒的酒精含量,所以许多人把啤酒当作消暑饮料。但如果无节制地滥饮,酒精经胃肠吸收到体内后,需经肝脏等组织器官的代谢将其分解。如果肝功能不正常,解毒能力弱,则易发生酒精中毒。酒精也可直接损伤肝细胞,使肝病症状加重。无节制地滥饮啤酒会增加肾脏的负担,心肌组织也会出现脂肪细胞浸润,使心肌功能减弱,引起心动过速;加上过量液体使血循环量增多而增加心脏负担,致使心肌肥厚、心室体积扩大,形成"啤酒心"。最终可导致心力衰竭、心律失常。

(2)结石和痛风　酿造啤酒的大麦芽汁中含有大量的嘌呤、核酸、钙、草酸等,它们相互作用,能使人体中的尿酸量增加一倍以上,增加肾脏的负担,引起肾功能减退、高尿酸血症、痛风及痛风性关节炎、尿酸性肾结石等。有关资料还表明,萎缩性胃炎、泌尿系统结石等患者,大量饮用啤酒会导致旧病复发或加重病情。

(3)胃肠炎　正常人的胃黏膜可分泌一种叫前列腺素 E 的物质,这种物质有调节胃酸的作用,保护胃黏膜不因胃酸而受损害。啤酒进入胃后,可使胃壁减少分泌前列腺素

E。啤酒刺激胃黏膜,造成胃黏膜充血和水肿,出现食欲减退、胃炎和消化性溃疡,腹胀和反酸等症状。已患有慢性胃炎者再饮啤酒可使胃病加重,还可引起胃出血。

（4）铅中毒　啤酒酿造原料中含有铅,大量饮用后,血铅含量升高,使人智力下降,反应迟钝,严重者损害生殖系统;老年易致老年性痴呆症。啤酒不宜与熏烤食品同吃,啤酒中的铅可与熏烤食品中的有害物质结合为致癌物质。

饮用啤酒应适量。成人每次饮用量不宜超过 300 mL(不足一易拉罐量),一天不超过 500 mL(一啤酒瓶量),每次饮用 100～200 mL 更为适宜。饮用啤酒最适宜的温度为12～15 ℃,此时酒香和泡沫都处于最佳状态,饮用时爽口感最为明显。再者不宜与腌熏食品共餐。宜食水果及清淡菜肴。

第六节　其他食品的安全性

一、熏制食品

熏制是利用木材、稻壳等在不完全燃烧时产生的烟雾对肉制品进行熏烤或利用木材干馏得到的熏液浸渍肉制品的工艺。熏制食品是原料肉经烟熏工艺而制成的肉类或其他制品,以其风味独特为人们所喜爱。

熏鱼、熏肉、熏肠为常见熏制食品,但生产工艺中存在着许多安全隐患。例如木材在不完全燃烧时生成的多环芳香烃化合物在烟熏过程渗透到肉中,其中有许多具有致癌或协同致癌作用,特别是 3,4-苯并芘是强致癌物质,可诱发多种脏器和组织的肿瘤,如肺癌、胃癌等。熏制食品中的苯并芘有多个来源。首先,熏烟中含有苯并芘,在熏制过程中能污染食物。其次肉类本身所含的脂肪在熏制时如果燃烧不完全,也会产生苯并芘。另外,烤焦的淀粉也能产生苯并芘。

熏制食品致癌性与熏烤方法有关,用炭火熏烤,每千克肉能产生 2.6～11.2 μg 的苯并芘,而用松木熏烤,每千克红肠能产生苯并芘 88.5 μg。

熏制食品致癌性与食物种类有关,肉类制品致癌物质含量较多,1 kg 烟熏羊肉相当于 250 支香烟产生的苯并芘,而淀粉类熏烤食物,如烤白薯、面包等含量较小。

另外,熏烤时食物不宜直接与火接触,熏烤时间也不宜过长,尤其不能烤焦。

二、油炸食品

油炸食品是一种传统的方便食品,利用油脂作为热交换介质,使被炸食品中的淀粉糊化,蛋白质变性,水分以蒸汽形式逸出,使食品具有酥脆的口感。油炸可以杀灭食品中的细菌、延长食品的保存期、改善食品的风味、增强食品营养成分的消化性,并且其加工时间比一般的烹调方法短,因此,油炸食品在国内外都备受人们的喜爱。

1. 油炸食品的安全性

油炸食品含有较高的油脂,热量高,进食过多易导致肥胖、高脂血症和冠心病,油炸食品由于经过高温油炸,使脂肪和胆固醇氧化,产生一些致畸致癌的物质,这些物质吸收后会造成血管内膜损伤,诱发动脉粥样硬化和神经衰弱等慢性病,进入肝脏及其他器官引起慢性中毒。

高温煎炸会使食品中游离天门冬氨酸与还原糖发生 Maillard 反应生成丙烯酰胺。大剂量或长期低剂量接触丙烯酰胺会出现嗜睡、情绪和记忆改变、幻觉和震颤等神经症状,伴随末梢神经病(手麻木感觉、出汗和肌肉无力);丙烯酰胺的血液浓度跟癌症发病率有关。大鼠实验证明,接触较大剂量的丙烯酰胺增加癌症的发病率。

在煎炸食品过程中,当温度达到 250～300 ℃时,同一分子甘油酯的脂肪酸之间或不同分子甘油酯的脂肪酸之间会发生聚合,使油脂黏稠度增大,均可生成如环状单聚体、二聚体、三聚体和多聚体等。环状单聚体能被人体吸收,故毒性较强,把环状单聚体的己二烯环状化合物分离出来,按 20% 比例掺入基础饲料喂大鼠,3～4 天死亡;以 5%～10% 比例掺入喂大鼠,出现脂肪肝及肝大。二聚体可使动物生长缓慢、肝大、生育功能出现障碍。三聚体以上因分子太大,不易被人体吸收,故无毒。此外,油煎腌制的鱼、肉类可形成致癌物亚硝基吡咯烷。

动植物蛋白烹炸过程产生多环芳烃化合物,多种多环芳烃化合物有致癌性,可以引起机体免疫抑制。厨房气态多环芳烃化合物更易进入人体肺泡,可能导致呼吸道癌症。如反复使用高温油炸方式,食物中的有机物受热分解,并经环化、聚合而形成 3,4-苯并芘等有毒强致癌物质。

油炸食品油脂中的维生素 A、E 等营养成分在高温下受到破坏,大大降低了油脂的营养价值。

2. 油炸食品安全性应对措施

油炸食品危害性主要是丙烯酰胺造成的。虽然现在食品在高温烹饪时产生丙烯酰胺的过程还尚未明了,但普遍认为淀粉含量高而蛋白质含量低的食物容易在高温烹饪时产生丙烯酰胺。食物中天冬酰胺与还原糖是产生丙烯酰胺的主要底物,而且反应程度与温度、时间和食物的含水量密切相关。从营养和安全方面考虑,各种食用油都不宜在烹炸食品时加温到 100 ℃以上,特别是高淀粉类的食物。因为这些物质经过高温油炸后,其中含有的维生素会被完全破坏,蛋白质也会发生变性,失去营养价值。

参 考 文 献

[1] 孟凡乔.食品安全性[M].北京:中国农业大学出版社,2005.

[2] 钟耀广.食品安全学[M].3版.北京:化学工业出版社,2020.

[3] 赵文.食品安全性评价[M].北京:化学工业出版社,2006.

[4] 纵伟.食品安全学[M].北京:化学工业出版社,2016.

[5] 丁晓雯,柳春红.食品安全学[M].北京:中国农业大学出版社,2016.

[6] 王际辉.食品安全学[M].北京:中国轻工业出版社,2018.

[7] 车振明,李明元.食品安全学[M].北京:中国轻工业出版社,2013.

[8] 张小莺,殷文政.食品安全学[M].3版.北京:科学出版社,2017.

[9] 赵丹霞,丁晓雯.伏马菌素对食品的污染及毒性[J].现代食品科技,2005,21:
     206-209.

[10] 王海涛,魏慧娟,马吉林,等.食管癌高发区玉米中伏马菌素 B1 的检测[J].肿瘤防
     治研究,1999,26(3):168-170.

[11] 刘畅,刘阳,邢福国.黄曲霉毒素脱毒方法研究进展[J].食品科技,2010,35:
     290-293.

[12] 潘威,庞广昌,张均.黄曲霉毒素与食品安全[J].食品研究与开发,2004,25:
     11-13.

[13] 唐伟强,沈健,刘均泉.基于强酸性氧化离子水技术的大米黄曲霉毒素降解机理的
     研究[J].粮油加工,2003,5:53-54.

[14] 范荣辉,李岩,杨辰海.蔬菜中的硝酸盐含量的安全标准及减控策略[J].河北农业
     科学,2008,12(11):50-51.

[15] 沈明珠,翟宝杰,东惠茹,等.蔬菜硝酸盐累积的研究——不同蔬菜硝酸盐和亚硝
     酸盐含量评价[J].园艺学报,1982,9(4):41-48.

[16] 屈艳兰,候玉泽,邓瑞广,等.磺胺喹二噁啉的危害及残留检验[J].上海畜牧兽医
     通讯,2009(4):46-47.

[17] 林淋,王波,刘朝霞,等.西安市郊区蔬菜硝酸盐污染现状分析[J].陕西农业科学,
     2003(3):39-40.

[18] 庞容丽,方金报,袁国军,等.郑州市主要蔬菜和水果硝酸盐污染状况调查[J].中
     国农学通报,2006,22(2):297-300.

[19] 马晓艳,张秋萍.食品中的汞含量调查分析[J].微量元素与健康研究,2007,24(6):35-36.

[20] 沈向红,应英,汤筠.浙江省2007年食品中铅、镉、汞、铝污染检测及危害分析[J].中国卫生检验杂志,2008,18(10):2081-2083.

[21] 虞爱旭,曾文芳,任韧.2007年浙江省杭州市食品中铅镉汞铝砷污染现状及分析[J].中国卫生检验杂志,2009,19(2):382-384.

[22] 邓子波.2007年邯郸市食品金属污染物铅镉汞含量测定[J].职业与健康,2008,24(6):538-539.

[23] 石岩,魏锋,肖新月.我国市售保健食品铅砷汞含量分析[J].亚太传统医药,2010,6(5):160-161.

[24] 周东升,崔泓,刘军.十堰市2000—2008年食品中铅、镉、砷、汞污染状况[J].中国卫生检验杂志,2009,19(8):1875-1877.

[25] 何健飞,雷霖.2005—2006年清远市食品中铅、镉含量调查[J].预防医学杂志,2009,25(3):236-238.

[26] 周晓萍,陈志军,王立媛.2005年浙江省绍兴市铅、镉、砷、汞污染现状及分析[J].疾病监测,2008,23(2):100-106.

[27] 李颜,齐智,肖颖.食品中丙烯酰胺的含量及其形成机理[J].中国食品与营养,2006,3:15-16.

[28] 汤菊莉,李宁,严卫星.食品中丙烯酰胺的毒理学研究现状[J].中国卫生检验杂志,2006,18(4):350-353.

[29] 匡少平,孙东亚.多环芳烃的毒理学特征与生物标记物研究[J].世界科技研究与发展,2007,29(2):41-47.

[30] 薛菲,彭英云,食品烹调过程中产生的致突变物——杂环氨[J].科技资讯,2007,28:221-222.

[31] 武致,杨芳,邓涛,等.老抽酱油中氯丙醇的新来源分析[J].中国调味品,2008(2):88-89.

[32] 董良云,张宇,罗瑜,等.多氯联苯管理体系探讨[J].环境科学与管理,2008,33(1):1-4.

[33] 彭艳超,黄根华,孙敏.多氯联苯对人体危害研究[J].中国新技术新产品,2010,(3):23-24.

[34] 廖涛,熊光权,林若泰,等.食品中二噁英类化合物的污染与分析[J].食品与机械,2008,24(4):153-157.

[35] 巢强国.食品添加剂安全性综述[J].上海计量测试,2008,203(1):2-7.

[36] 梁寒,陈小梅.食品添加剂存在的问题及安全对策分析[J].监督与选择,2007,(Z1):56-57.

［37］ 杨艳,王淑琴.降低肉制品中亚硝酸盐残留量的研究进展[J].食品科技,2007,6:260-264.

［38］ 戴京晶,刘奋.深圳市售食品膨松剂中铝含量检测结果分析[J].中国卫生检疫杂志,2009,19(5):1095-1096.

［39］ 花丽茹,李殿胜.食品动物禁用兽药对人体的危害[J].黑龙江水产,2009,132(4):38-39.

［40］ 卢士英,邹明强.食品中常见的非食用色素的危害与检测[J].中国仪器仪表,2009,(8):45-50.

［41］ 钟南京,陆启玉,张晓燕.油炸及烘烤食品中丙烯酰胺含量影响因素的研究进展[J].河南工业大学学报(自然科学版),2006,27:88-90.

［42］ 沈莹.食源性疾病的现状与策略[J].中国卫生检验杂志,2008,18(10):2178-2180.

［43］ 毛雪丹,胡俊峰,刘秀梅.2003—2007年中国1060起细菌性食源性疾病流行病学特征分析[J].中国食品卫生杂志,2010,22(3):224-228.